乙級冷凍空調技能檢定學科題庫整理與分析

簡詔群、楊文明　編著

全華圖書股份有限公司

國家圖書館出版品預行編目資料

乙級冷凍空調技能檢定學科題庫整理與分析 / 簡詔
群, 楊文明編著. -- 八版. -- 新北市：全華圖
書股份有限公司, 2024.05
　　面；　　公分
ISBN 978-626-328-973-4(平裝)

1. CST: 冷凍　2. CST: 空調工程

446.73　　　　　　　　　　　　　113006717

乙級冷凍空調技能檢定學科題庫整理與分析

編著者 / 簡詔群、楊文明

發行人 / 陳本源

執行編輯 / 張峻銘

出版者 / 全華圖書股份有限公司

郵政帳號 / 0100836-1 號

圖書編號 / 0501307

八版一刷 / 2024 年 6 月

定價 / 新台幣 300 元

ISBN / 978-626-328-973-4(平裝)

全華圖書 / www.chwa.com.tw

全華網路書店 Open Tech / www.opentech.com.tw

若您對本書有任何問題，歡迎來信指導 book@chwa.com.tw

臺北總公司(北區營業處)
地址：23671 新北市土城區忠義路 21 號
電話：(02) 2262-5666
傳真：(02) 6637-3695、6637-3696

南區營業處
地址：80769 高雄市三民區應安街 12 號
電話：(07) 381-1377
傳真：(07) 862-5562

中區營業處
地址：40256 臺中市南區樹義一巷 26 號
電話：(04) 2261-8485
傳真：(04) 3600-9806(高中職)
　　　(04) 3601-8600(大專)

編 者 序

今日工業社會，進步一日千里，各行各業，不論任何產業、商業活動、工業製程、食品製造、生物醫技、無塵室、製品儲存等等，對於冷凍空調都佔有很大的需求，然一技在身，終身受益更加突顯其重要性，政府推行的證照制度，更使許多在職人員落實其技術之獲得。

技職教育體系的學生，可在證照制度推行下考取證照，取得更高學識就讀的文憑，可謂一舉兩得的成果。

作者從事職業訓練工作數十年，有感於冷凍空調工作者對於證照需求迫切下，整理本書籍，自 106 年起乙級學科修改為八種工作項目，每種工作項目分別有單選題及複選題，因此本書內依序將八種工作項目的題目作完整解析，以方便參檢人員有所幫助。

編者　敬上

編 輯 部 序

　　「系統編輯」是我們的編輯方針，我們所提供給您的，絕不只是一本書，而是關於這門學問的所有知識，它們由淺入深，循序漸進。

　　冷凍空調裝修乙級技術士技能檢定學科試題共 80 題選擇題，單選題 60 題(每題 1 分)，複選題 20 題(每題 2 分)。本書以乙級冷凍空調技能檢定學科理論，並增加實務經驗及方法，收錄最新公告試題並附解析，使應考者更加容易研讀、學習，順利地通過測驗。適用於大專電機科系、業界人士及欲參加乙級冷凍空調技能檢定之應考者使用。

目 錄

冷凍空調技能檢定學科題庫整理分析

學科共同科目

冷凍空調技能檢定
學科題庫整理分析

工作項目 01：辨圖與識圖

一、單選題

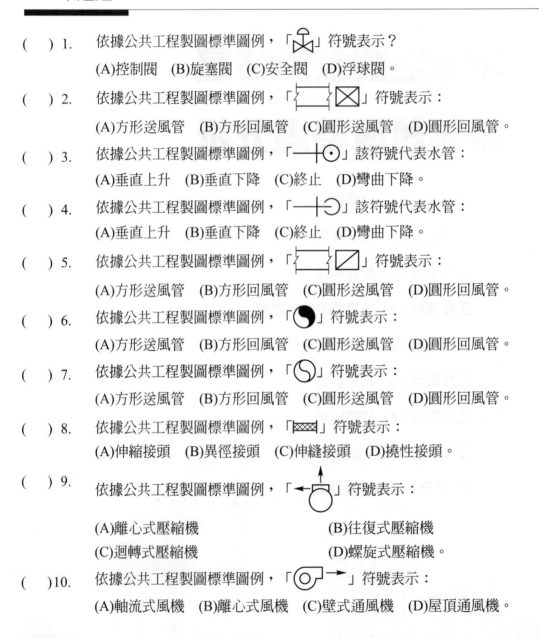

( ) 1. 依據公共工程製圖標準圖例，「 」符號表示？
(A)控制閥　(B)旋塞閥　(C)安全閥　(D)浮球閥。

( ) 2. 依據公共工程製圖標準圖例，「 」符號表示：
(A)方形送風管　(B)方形回風管　(C)圓形送風管　(D)圓形回風管。

( ) 3. 依據公共工程製圖標準圖例，「 」該符號代表水管：
(A)垂直上升　(B)垂直下降　(C)終止　(D)彎曲下降。

( ) 4. 依據公共工程製圖標準圖例，「 」該符號代表水管：
(A)垂直上升　(B)垂直下降　(C)終止　(D)彎曲下降。

( ) 5. 依據公共工程製圖標準圖例，「 」符號表示：
(A)方形送風管　(B)方形回風管　(C)圓形送風管　(D)圓形回風管。

( ) 6. 依據公共工程製圖標準圖例，「 」符號表示：
(A)方形送風管　(B)方形回風管　(C)圓形送風管　(D)圓形回風管。

( ) 7. 依據公共工程製圖標準圖例，「 」符號表示：
(A)方形送風管　(B)方形回風管　(C)圓形送風管　(D)圓形回風管。

( ) 8. 依據公共工程製圖標準圖例，「 」符號表示：
(A)伸縮接頭　(B)異徑接頭　(C)伸縫接頭　(D)撓性接頭。

( ) 9. 依據公共工程製圖標準圖例，「 」符號表示：

(A)離心式壓縮機　　　　　　　　(B)往復式壓縮機
(C)迴轉式壓縮機　　　　　　　　(D)螺旋式壓縮機。

( )10. 依據公共工程製圖標準圖例，「 」符號表示：
(A)軸流式風機　(B)離心式風機　(C)壁式通風機　(D)屋頂通風機。

| 答案 | 1.(A) | 2.(A) | 3.(A) | 4.(B) | 5.(B) | 6.(C) | 7.(D) | 8.(D) | 9.(B) | 10.(B) |

( )11. 依據公共工程製圖標準圖例，「![離心壓縮機符號]」符號表示：

(A)離心式壓縮機   (B)往復式壓縮機

(C)迴轉式壓縮機   (D)螺旋式壓縮機。

( )12. 依公共工程製圖手冊，CWP 縮寫字代表？

(A)冷卻水回水管   (B)冷卻水出水管   (C)冷卻水泵   (D)冰水泵。

( )13. 依據公共工程製圖標準圖例，「![軸流式風機符號]」符號表示：

(A)軸流式風機   (B)離心式風機   (C)壁式通風機   (D)屋頂通風機。

( )14. 依據公共工程製圖標準圖例，「![彎管符號]」符號表示：

(A)彎管   (B)導風片   (C)分岐管   (D)風量調節片。

( )15. 依據公共工程製圖標準圖例，「![常開球塞閥符號]」符號表示：

(A)常開球塞閥   (B)常關球塞閥   (C)常開球形閥   (D)常關球形閥。

( )16. 依據公共工程製圖標準圖例，「![減壓閥符號]」符號表示：

(A)止回閥   (B)球塞閥   (C)減壓閥   (D)浮球閥。

( )17. 依據公共工程製圖標準圖例，「![安全閥符號]」符號表示：

(A)止回閥   (B)角閥   (C)減壓閥   (D)安全閥。

( )18. 依據公共工程製圖標準圖例，「![FD防火風門符號]」符號表示：

(A)防煙風門   (B)手調風門   (C)電動風門   (D)防火風門。

( )19. 依據公共工程製圖標準圖例，「![空氣過濾器符號]」符號表示：

(A)消音器   (B)空氣過濾器   (C)伸縮接頭   (D)撓性接頭。

( )20. 依據公共工程製圖標準圖例，「![電動二通控制閥符號]」符號表示：

(A)氣動二通控制閥   (B)手動二通控制閥

(C)電動二通控制閥   (D)自動釋氣閥。

( )21. 依據公共工程製圖標準圖例，「![回風花板符號] RAP」符號表示：

(A)檢修門   (B)回風花板   (C)排氣口   (D)進氣口。

答 案   11.(C)   12.(C)   13.(A)   14.(B)   15.(A)   16.(C)   17.(D)   18.(D)   19.(B)   20.(C)

21.(B)

( )22. 依據公共工程製圖標準圖例，「　　□　　」符號表示：

      (A)檢修門　(B)回風花板　(C)排氣口　(D)進氣口。

( )23. 依據公共工程製圖標準圖例，「Ⓜ」符號表示：

      (A)止回閥　(B)球塞閥　(C)電動蝶形閥　(D)浮球閥。

( )24. 依據公共工程製圖標準圖例，「◁▷」符號表示：

      (A)止回閥　(B)角閥　(C)減壓閥　(D)旋塞閥。

( )25. 依據公共工程製圖標準圖例，「FS」符號表示：

      (A)低壓開關　(B)壓力開關　(C)防凍開關　(D)水流開關。

( )26. 依據公共工程製圖標準圖例，「　　VD」符號表示：

      (A)方形風管電動風門　　　　　　　(B)方形風管手調風門
      (C)防火風門　　　　　　　　　　　(D)防煙風門。

( )27. 依據公共工程製圖標準圖例，「Ⓜ MD」符號表示：

      (A)方形風管電動風門　　　　　　　(B)方形風管手調風門
      (C)防火風門　　　　　　　　　　　(D)防煙風門。

( )28. 依據公共工程製圖標準圖例，「　VD」符號表示：

      (A)圓形風管電動風門　　　　　　　(B)圓形風管手調風門
      (C)防火風門　　　　　　　　　　　(D)防煙風門。

( )29. 依據公共工程製圖標準圖例，「　MD」符號表示：

      (A)圓形風管電動風門　　　　　　　(B)圓形風管手調風門
      (C)防火風門　　　　　　　　　　　(D)防煙風門。

( )30. 依據公共工程製圖標準圖例，「　CDR」符號表示：

      (A)排風口　(B)送風口　(C)圓形擴散出風口　(D)方形擴散出風口。

( )31. 依據公共工程製圖標準圖例，「　CDS」符號表示：

      (A)排風口　(B)送風口　(C)圓形擴散出風口　(D)方形擴散出風口。

答案 22.(A) 23.(C) 24.(D) 25.(D) 26.(B) 27.(A) 28.(B) 29.(A) 30.(C) 31.(D)

( )32. 依據公共工程製圖標準圖例，「[▭] LD」符號表示：
(A)排風口 (B)送風口 (C)回風口 (D)線形出風口。

( )33. 依據公共工程製圖標準圖例，「✕」符號表示：
(A)氣動三通閥 (B)手動三通閥 (C)電動三通閥 (D)自動釋氣閥。

( )34. 依據公共工程製圖標準圖例，「[→〜]」符號表示：
(A)分岐風管 (B)導風片 (C)風量調節器 (D)出風口。

( )35. 依據公共工程製圖標準圖例，「[R]」符號表示：
(A)可變電阻器 (B)電阻器 (C)無感電阻 (D)可變無感電阻。

( )36. 依據公共工程製圖標準圖例，「[R]」符號內表示：
(A)可變電阻器 (B)電阻器 (C)無感電阻 (D)可變無感電阻。

( )37. 依據公共工程製圖標準圖例，「⊓⊔」符號表示：
(A)可變電阻器 (B)電阻器 (C)無感電阻 (D)可變無感電阻。

( )38. 依據公共工程製圖標準圖例，「⊓⊔」符號表示？
(A)可變電阻器 (B)電阻器 (C)無感電阻 (D)可變無感電阻。

( )39. 依據公共工程製圖標準圖例，「〜」符號表示？
(A)電阻器 (B)電感器 (C)電熱器 (D)熱動式過載電驛。

( )40. 依據公共工程製圖標準圖例，「MS」符號表示：
(A)控制開關 (B)電磁接觸器 (C)電磁開關 (D)空斷開關。

( )41. 依據公共工程製圖標準圖例，「CAM」符號表示：
(A)低壓用電表箱 (B)空調用電表箱 (C)電纜箱 (D)介面箱。

( )42. 依據公共工程製圖標準圖例，「SS」符號表示：
(A)流量開關 (B)控制開關 (C)選擇開關 (D)切換開關。

( )43. 依據公共工程製圖標準圖例，「AS」符號表示：
(A)伏特計用切換開關　　　　　　(B)安培計用切換開關
(C)水流開關　　　　　　　　　　(D)自動切換開關。

答案	32.(D)	33.(C)	34.(C)	35.(B)	36.(A)	37.(C)	38.(D)	39.(D)	40.(C)	41.(B)
	42.(C)	43.(B)								

( )44. 依據公共工程製圖標準圖例，「VS」符號表示：

(A)伏特計用切換開關　　　　　　　　(B)安培計用切換開關
(C)水流開關　　　　　　　　　　　　(D)自動切換開關。

( )45. 依據公共工程製圖標準圖例，「AVR」符號表示：
(A)自動電壓調整器　(B)電流轉換器　(C)電壓轉換器　(D)頻率轉換器。

( )46. 依據公共工程製圖標準圖例，「A-T」符號表示：
(A)自動電壓調整器　(B)電流轉換器　(C)電壓轉換器　(D)頻率轉換器。

( )47. 依據公共工程製圖標準圖例，「V-T」符號表示：
(A)自動電壓調整器　(B)電流轉換器　(C)電壓轉換器　(D)頻率轉換器。

( )48. 依據公共工程製圖標準圖例，「CH」符號表示：

(A)箱型機　(B)壓縮機　(C)曲軸箱加熱器　(D)冰水主機。

( )49. 依據公共工程製圖標準圖例，「⎯⟋⟍⟋⟍⟋⟍⎯」符號表示：
(A)電容器　(B)電阻　(C)電抗器　(D)比流器。

二、複選題

( )50. 依據公共工程製圖標準圖例，請選出下列正確的敘述？
(A)「▯」符號表示自動釋氣閥　　　(B)「Ⓢ▷◁」符號表示膨脹閥
(C)「▷◁」符號表示手動釋氣閥　　　(D)「⎯▷⎯」符號表示自動流量平
衡閥。

( )51. 依據公共工程製圖標準圖例，請選出下列正確的敘述？
(A)「 」符號表示溫度開關接點，溫度升高時開啟
(B)「 」符號表示溫度開關接點，溫度升高時閉合
(C)「 」符號表示壓力開關，壓力升高時開啟
(D)「 」符號表示壓力開關，壓力升高時閉合。

答案 44.(A)　45.(A)　46.(B)　47.(C)　48.(D)　49.(C)　50.(ACD)　51.(ABCD)

( )52. 依據公共工程製圖標準圖例，下列選項中哪些項目的敘述正確？
(A)「⊖」表示溫度計　(B)「⬚」表示壓力計
(C)「⊖」表示壓力計　(D)「⬚」表示溫度計。

( )53. 依據公共工程製圖標準圖例，下列選項中哪些項目的敘述正確？
(A)「⋈」表示常開閘閥　(B)「▶◀」表示常關閘閥
(C)「⧖○」表示浮球閥　(D)「⬠」表示球形閥。

( )54. 依據公共工程製圖標準圖例，下列選項中哪些項目的敘述正確？
(A)「▦▦▦」表示螺旋風管　(B)「▨▨」表示撓性風管
(C)「□→R」表示風管上升　(D)「□→D」表示風管下降。

( )55. 依據公共工程製圖標準圖例，下列選項中哪些項目的敘述正確？
(A)「 CWS 」表示冷卻水送水管　(B)「 CHS 」表示冰水送水管
(C)「 CWR 」表示冰水回水管　(D)「 CHR 」表示冰水回水管。

( )56. 依據公共工程製圖標準圖例，下列選項中哪些項目的敘述正確？
(A)「⊻」表示 Y 形過濾器　(B)「⧖Ⓢ」表示電磁閥
(C)「⊿」表示止回閥　(D)「⬠」表示球形閥。

( )57. 依據公共工程製圖標準圖例，下列選項中哪些項目的敘述正確？
(A)「←▨→」表示螺旋式壓縮機　(B)「□」表示離心式壓縮機
(C)「⊘」表示泵　(D)「⊖」表示水泵。

( )58. 依據公共工程製圖標準圖例，下列選項中哪些項目的敘述正確？
(A)「○⊥○」表示常開按鈕開關，彈簧復歸
(B)「○／○」表示切離開關
(C)「○╱○」表示切離開關
(D)「○╳○」表示刀形開關。

答案 52.(CD)　53.(AB)　54.(CD)　55.(ABD)　56.(ABC)　57.(ABC)　58.(ABD)

( )59. 依據公共工程製圖標準圖例，下列選項中哪些項目的敘述正確？

(A)「⌒」表示固定型低壓空氣斷路器

(B)「⌒」表示無熔線斷路器

(C)「⪽」表示比壓器

(D)「⧓」表示比流器。

解析 「⪽」表示比流器

「⧓」表示比壓器

答 案 59.(AB)

工作項目 02：作業準備

一、單選題

( ) 1. 冷卻水塔外殼質料大部分採用
(A)強化塑膠(F.R.P.) (B)強化橡膠(S.R.P) (C)PU 發泡體 (D)鋼板板金。

( ) 2. 在定溫下，一大氣壓力之 400 公升的氧氣完全裝入內容積 10 公升之氧氣瓶，則其壓力(kgf/cm^2 abs)約為
(A)4 kgf/cm^2 abs (B)40 kgf/cm^2 abs
(C)400 kgf/cm^2 abs (D)4000 kgf/cm^2 abs。

解析 氧氣瓶壓約為 $= \dfrac{400公升}{10公升} = 40\,\mathrm{kgf}/\mathrm{cm}^2$ abs。

( ) 3. 常溫之下，何種冷媒飽和壓力較高？
(A)R-410A (B)R-134a (C)R-22 (D)R-717。

( ) 4. 冰水管路裝置電動三路閥，可用在何種控制系統？
(A)定水量 (B)室內濕度 (C)盤管的露點溫度 (D)變水量。

( ) 5. 攝氏與華氏在何時其溫度數值相同？
(A)40 (B)−40 (C)32 (D)−32。

解析 $-40°\mathrm{C} \times \dfrac{9}{5} + 32 = -40°\mathrm{F}$。

( ) 6. 冷凍系統裝油分離器之目的為
(A)防止冷凍油溶在冷媒中 (B)防止冷凍油在凝結器內不回流
(C)增加壓縮機潤滑效果 (D)將混合在冷媒中之冷凍油分離後回壓縮機。

( ) 7. 1 bar 等於 (A)1 Pa (B)1 kPa (C)100 kPa (D)1 MPa。

解析 1 bar = 100 kPa = 0.1 MPa。

( ) 8. 真空泵應使用？
(A)冷凍油 (B)10 號機油 (C)真空泵專用油 (D)潤滑油。

答案 1.(A) 2.(B) 3.(A) 4.(A) 5.(B) 6.(D) 7.(C) 8.(C)

( ) 9. 冬季受太陽照射之玻璃旁邊仍會感受一股熱存在，是靠何種熱之傳遞？
(A)傳導熱 (B)放熱 (C)對流熱 (D)輻射熱。

( )10. 10℃等於絕對溫度(K)？ (A)0 K (B)10 K (C)110 K (D)283 K。

解析 0℃的絕對溫度是 273 K，所以 10℃ ＝ 273+10 ＝ 283 K。

( )11. SI 單位制中，1 Pa 的壓力定義為
(A)1 N/m^2 (B)1 dyne/m^2 (C)1 kgf/cm^2 (D)14.7 psi。

( )12. 變頻空調機，其冷媒流量控制宜選用下列何種降壓裝置較為理想？
(A)感溫式膨脹閥 (B)定壓閥 (C)電子式膨脹閥 (D)毛細管。

( )13. 液管視窗的安裝儘量靠近
(A)膨脹閥入口 (B)蒸發器的入口 (C)冷凝器出口 (D)乾燥過濾器出口。

解析 冷凍空調循環：

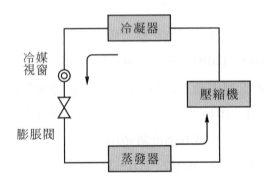

( )14. R-23 冷媒鋼瓶外漆識別顏色為
(A)黃色 (B)白色 (C)灰色 (D)紫色。

( )15. 下列何者不是冷媒應具備之基本特性？
(A)比熱大 (B)黏滯性低 (C)比體積大 (D)潛熱值大。

( )16. 下列何者是冷媒應該具備的特性？
(A)蒸發溫度高 (B)凝固點高 (C)臨界溫度高 (D)密度低。

( )17. 下列何者不是冷凍油之作用？
(A)稀釋 (B)潤滑 (C)密封 (D)散熱。

答 案 9.(D) 10.(D) 11.(A) 12.(C) 13.(A) 14.(C) 15.(C) 16.(C) 17.(A)

( )18. 迴轉式壓縮機應用冷氣機冷氣能力於

(A)0.5～2 RT　(B)3～5 RT　(C)5～8 RT　(D)9～13 RT。

( )19. 冷媒溫度下降，乾燥劑吸水能力

(A)增加　(B)減少　(C)不變　(D)不一定。

( )20. 在相同的常溫下，下列何種冷媒的飽和壓力最高？

(A)R-134a　(B)R-507A　(C)R-23　(D)R-410A。

( )21. 在相同的常溫下，下列何種冷媒的飽和壓力最低？

(A)R-134a　(B)R-32　(C)R-417A　(D)R-410A。

( )22. 中華民國國家標準 CNS 照度標準電氣室，空調機械室之照度(Lux)

(A)3000～1500 Lux　　　　　　　(B)1500～750 Lux

(C)750～300 Lux　　　　　　　　(D)300～150 Lux。

( )23. 已知壓縮機之排氣量為 340 m³/hr，若壓縮吸入冷媒之比體積為 0.05 m³/kg，冷媒循環量(kg/hr)為？

(A)5440 kg/hr　(B)4352 kg/hr　(C)6800 kg/hr　(D)8500 kg/hr。

解析 冷媒循環量 ＝ 冷媒排氣量／冷媒比體積
　　　　　　　 ＝ 340 m³/hr/0.05 m³/kg ＝ 6800 kg/hr。

( )24. 壓縮機實際排氣量與理論排氣量之比值為

(A)容積效率　(B)壓縮效率　(C)絕熱效率　(D)機械效率。

( )25. 危險指數為(爆炸上限 UFL；爆炸下限 LFL)

(A)(UFL－LFL)/LFL　　　　　　　(B)(LFL－UFL)/LFL

(C)(LFL＋UFL)/LFL　　　　　　　(D)(LFL＋UFL)/UFL。

( )26. 庫內溫度 5°C 之組合式冷藏庫，其庫板厚度一般採用(mm)？

(A)60 mm　(B)100 mm　(C)150 mm　(D)180 mm。

( )27. 冰水主機 43.8 USRT 消耗功率 67 kW 能源效率比值(w/w)？

(A)2.3　(B)2.5　(C)9.1　(D)10.0。

解析 1 USRT ＝ 3.516 kW，

能源效率比值 (w/w) ＝ (3.516 kW × 43.8)/67 kW ＝ 2.3 ＝ 冷凍效果/消耗功率。

答 案 18.(A)　19.(A)　20.(C)　21.(A)　22.(D)　23.(C)　24.(A)　25.(A)　26.(B)　27.(A)

( )28. 利用蒸發器內低壓側之壓力變化來控制冷媒流量為
(A)定壓式膨脹閥　(B)感溫式膨脹閥　(C)電子式膨脹閥　(D)浮球控制閥。

( )29. R-600a 又名　(A)異丁烷　(B)丁烷　(C)丙烷　(D)丙烯。

( )30. R-508B 是由下列何組冷媒混合而成？
(A)R-23 及 PFC-116
(B)R-50 及 R-1170
(C)R-14 及 PFC-116
(D)R-50 及 PFC-116。

( )31. 風管貫穿防火區劃時，須設置
(A)防火風門　(B)逆止風門　(C)百葉風門　(D)手控風門。

( )32. 通風系統中，維持其流動之壓力為下列何者？
(A)分壓　(B)靜壓　(C)動壓　(D)全壓。

( )33. 中華民國國家標準 CNS 照度標準，組裝普通作業場所之照度(Lux)
(A)3000～1500 Lux
(B)1500～750 Lux
(C)750～300 Lux
(D)300～150 Lux。

( )34. 在標準狀態下，空氣之密度(kg/m^3)
(A)1.2 kg/m^3　(B)1.4 kg/m^3　(C)1.6 kg/m^3　(D)1.8 kg/m^3。

( )35. 當溫度降低到某一數值時，冷凍油中開始析出石蠟的溫度
(A)濁點　(B)閃點　(C)流動點　(D)凝固點。

( )36. 依法令規定，乙炔熔接裝置應多久就裝置之損傷、變形、腐蝕等及其性能實施定期檢查一次？
(A)每週　(B)每月　(C)每半年　(D)每年。

( )37. 100 人之會議廳，每人換氣量為 85 m^3/h，若購置每台風量為 850 m^3/h，則需要風機台數為？
(A)8 台　(B)10 台　(C)12 台　(D)14 台。

解析　總換氣量=85m^3/h×100=8500m^3/h，
風機台數=8500m^3/h/850m^3/h=10 台。

答案 ▶ 28.(A)　29.(A)　30.(A)　31.(A)　32.(D)　33.(C)　34.(A)　35.(A)　36.(D)　37.(B)

( )38. 評測冷媒在冷凍循環系統中運行若干年後，對全球變暖的影響，係用下述何種指標表示？
(A)TEWI 總體溫室效應 (B)ODP 臭氧耗減潛能值
(C)GWP 全球變暖潛能值 (D)OSD 破壞大氣臭氧層的物質。

( )39. 下列何項非冷媒電磁閥選用與安裝須注意的事項？
(A)管徑大小 (B)安裝的方向 (C)安裝的角度 (D)冷媒流速。

( )40. 有關冷媒循環系統之乾燥過濾器，下列敘述何者正確？
(A)裝置於冷凝器與儲液器之間 (B)吸附系統內之水份與雜質
(C)選用時不須考慮冷媒 (D)安裝時無方向性。

二、複選題

( )41. 螺旋式壓縮機專用冷凍油的功用，下列敘述哪些正確？
(A)使摩擦零件的溫度保持在允許的範圍內
(B)油膜隔離冷媒壓縮過程的洩漏
(C)帶走金屬摩擦表面的金屬磨屑
(D)作為控制加洩增減載機構的壓力。

( )42. 低壓積液器安裝與功能，下列敘述哪些正確？
(A)裝置於蒸發器出口與壓縮機入口之間
(B)防止蒸發器內未蒸發完之液態冷媒進入壓縮機
(C)裝置於冷凝器出口與膨脹閥入口之間
(D)防止氣態冷媒進入膨脹閥。

( )43. 依 CNS 一冷凍噸等於
(A)3024 kcal/h (B)3.516 kW (C)3320 kcal/h (D)3.860 kW。

解析 CNS 冷凍噸 = USRT = 3024 kcal/hr = 3.516kW，1kW = 860kcal/hr。

( )44. R-290 與下列哪些材料不相容？
(A)銅金屬材料 (B)neoprene(尼奧普林合成橡膠) (C)天然橡膠 (D)矽膠。

( )45. 冷凍組合庫在外部環境下，是靠下列哪種熱之傳遞至庫內？
(A)傳導 (B)熱導 (C)對流 (D)輻射。

答案 38.(A) 39.(D) 40.(B) 41.(ABCD) 42.(AB) 43.(AB) 44.(CD) 45.(AC)

( )46. 感溫式膨脹閥安裝時，應注意
(A)膨脹閥進出方向 　　　　　(B)膨脹閥安裝角度
(C)膨脹閥廠牌 　　　　　　　(D)開度調整的空間。

( )47. 有關碳氫(HC)冷媒，下列敘述哪些正確？
(A)冷媒化學性質穩定 　　　　(B)能源效率比值(w/w)較 R-134a 佳
(C)具毒性 　　　　　　　　　(D)與礦物油不相容。

( )48. 乙炔瓶回火防止器動作原因？
(A)焊炬的火嘴被堵塞 　　　　(B)乙炔氣工作壓力過高
(C)橡皮管堵塞 　　　　　　　(D)氧氣倒流。

( )49. 選用冷媒循環系統之油分離器須考慮
(A)冷凍油溫度　(B)冷媒最大運轉壓力　(C)冷凍能力　(D)冷媒溫度。

( )50. 下列何者為選用感溫式膨脹閥的項目？
(A)冷媒種類　(B)蒸發溫度範圍　(C)冷凍能力大小　(D)高低壓力差。

答案 46.(ABD)　47.(AB)　48.(ACD)　49.(BCD)　50.(ABC)

工作項目 03：配管處理

一、單選題

( ) 1. 使用冷媒 R-22 冰水機組，冷媒循環系統技能檢定之探漏壓力(kgf/cm²G)為
(A)8.8 kgf/cm²G (B)10 kgf/cm²G (C)14.6 kgf/cm²G (D)20 kgf/cm²G。

解析 R-22 探漏壓力為 10kgf/cm²G，R134a 探漏壓力為 8kgf/cm²G。

( ) 2. 使用乙炔與氧混合氣體銲接銅管時，乙炔與氧氣之混合重量比例約為
(A)2：5 (B)2：4 (C)2：3 (D)1：3。

( ) 3. 一般乙炔之工作壓力(kgf/cm²G)，應調整為
(A)1.5～2.0 kgf/cm²G (B)1.0～1.5 kgf/cm²G
(C)0.5～1.0 kgf/cm²G (D)0.2～0.5 kgf/cm²G。

( ) 4. 冷媒分流器，其裝置方向應維持
(A)60 度角 (B)45 度角 (C)水平 (D)垂直向下。

( ) 5. 一般冰水機組中之冰水管及冷凝水管上哪些為非必備之配件？
(A)關斷閥 (B)溫度及壓力計 (C)防震軟管 (D)洩壓閥。

( ) 6. 排水管之配管，其斜度最小應保持
(A)1/100 以上 (B)1/200 以上 (C)水平 (D)1/300 以上。

( ) 7. 銀銲劑會腐蝕銅管，銲接完成之工作物表面須
(A)用溫水液洗淨 (B)用空氣吹乾 (C)抹拭黃油 (D)塗上亮光漆。

( ) 8. 錫銲是屬於 (A)冷銲 (B)硬銲 (C)軟銲 (D)氣銲。

解析 銀銲為硬銲，錫銲為軟銲。

( ) 9. 塑膠管插入連接之深度約為管外徑之多少倍長？
(A)0.5 (B)1 (C)2 (D)3。

( )10. 所稱 G.I.P 管為 (A)不銹鋼管 (B)黑鋼管 (C)鍍鋅鐵管 (D)鑄鐵管。

答案 1.(B) 2.(A) 3.(D) 4.(D) 5.(D) 6.(A) 7.(A) 8.(C) 9.(B) 10.(C)

( )11. 水管系統裝置避震軟管之目的為

 (A)便於配管   (B)減少水泵震動

 (C)防止水泵震動傳至管路上   (D)熱脹冷縮。

( )12. 一般水配管系統設計時，流速(m/s)以

 (A)1 m/s 以下 (B)1～3 m/s (C)3～6 m/s (D)6～10 m/s 為設計準則。

( )13. 將銅管做退火處理是為了

 (A)方便銲接 (B)加強銅管材質 (C)方便擴管 (D)防止生銅綠。

( )14. 喇叭口的氣密試驗壓力(kgf/cm^2G)是？

 (A)20 kgf/cm^2G (B)15 kgf/cm^2G (C)10 kgf/cm^2G (D)50 kgf/cm^2G。

( )15. 喇叭口接頭其防漏的方式是靠

 (A)防漏膠帶 (B)快速膠 (C)燒銲 (D)銅由令與螺帽間之密合。

( )16. 管路中因摩擦效應造成之損失稱為？

 (A)全水頭損失 (B)副水頭損失 (C)管徑水頭損失 (D)壁面水頭損失。

( )17. 具有酸氣之工作場所之廢氣排氣管宜採用下列何種裝置？

 (A)銅管 (B)鍍鋅鐵管 (C)鋼管 (D)塑膠管。

( )18. 塑膠管連接時，管口加熱之溫度(℃)約為

 (A)50℃ (B)100℃ (C)130℃ (D)160℃。

( )19. 銀銲主要成份之金屬是

 (A)銀、鐵 (B)銀、鎳 (C)銀、銅 (D)銀、鋁。

( )20. 冷媒配管採用硬質銅管時，使用銀焊條熔接，此銀焊條的熔點約為

 (A)900～1000℃ (B)600～700℃ (C)300～400℃ (D)100～200℃。

( )21. PVC 管一般均使用於工作壓力在多少(kgf/cm^2G)以下？

 (A)7 kgf/cm^2G (B)9 kgf/cm^2G (C)10 kgf/cm^2G (D)16 kgf/cm^2G。

( )22. 冷媒分流器，其裝置方向應維持

 (A)45 度角 (B)水平 (C)垂直向下 (D)與安裝角度無關。

( )23. 一般冰水機組中之冰水管及冷卻水管上哪些為非必備之配件？

 (A)關斷閥 (B)減壓閥 (C)逆止閥 (D)Y 型過濾器。

答 案 11.(C) 12.(B) 13.(C) 14.(C) 15.(D) 16.(A) 17.(D) 18.(C) 19.(C) 20.(B)

    21.(A) 22.(C) 23.(B)

( )24. 所有與機器設備相連接之管路，為便於設備拆裝與維修，須於適當位置安裝何種必要管件？
(A)關斷閥 (B)減壓閥 (C)逆止閥 (D)洩壓閥。

( )25. 圖上 10 公分等於實際長度 100 公分，則其比例為
(A)10：1 (B)1：10 (C)1：100 (D)100：1。

> **解析** 比例為 10 cm：100 cm＝1：10。

( )26. 於 1：5 比例尺之管線平面圖上，量得長為 18 公厘，則其實長應為幾公厘？
(A)90 公厘 (B)75 公厘 (C)45 公厘 (D)18 公厘。

> **解析** 實際長度＝5×18 公厘＝90 公厘。

( )27. 住商等建築物的空調風管，原則上使用低壓風管其運轉壓力為多少(Pa)以下？ (A)800 Pa (B)700 Pa (C)600 Pa (D)500 Pa。

( )28. 風管寬高比較大的風管比寬高比較小的風管，熱損失
(A)大 (B)小 (C)相等 (D)無關。

( )29. 管徑較大之低速風管，熱損失較高速風管
(A)大 (B)小 (C)相等 (D)無關。

( )30. 風管隔熱材之熱阻值愈大，其表面熱損失愈
(A)大 (B)小 (C)相等 (D)無關。

二、複選題

( )31. 鋼製管件連接方式，有下列哪幾種？
(A)銀焊 (B)電焊 (C)絞牙式 (D)法蘭式。

( )32. 一般冰水機組中之冰水管及冷卻水管上，下列哪些為必備的配件？
(A)關斷閥 (B)電磁閥 (C)溫度及壓力錶 (D)防震軟管。

( )33. 冰水或冷卻水系統中，銅管與成型管件採用下列哪些連接方式？
(A)銀焊 (B)電焊 (C)絞牙式 (D)錫焊。

> **答案** 24.(A) 25.(B) 26.(A) 27.(D) 28.(A) 29.(A) 30.(B) 31.(BCD) 32.(ACD)
> 33.(AD)

( )34. 冷媒循環系統中，銅管與成型管件採用下列哪些連接方式？
(A)銀焊　(B)電焊　(C)法蘭式　(D)錫焊。

( )35. 一般空調冷卻水系統的配管管材，有下列哪幾種？
(A)不銹鋼管　(B)鍍鋅鐵管　(C)鑄鐵管　(D)聚氯乙烯塑膠硬管。

( )36. 冷媒循環系統選用銅配管，須考慮下列哪些因素？
(A)冷凍油種類　(B)冷媒種類　(C)連接方式　(D)系統壓力。

( )37. 冷媒循環系統配管時，應考慮
(A)管路壓降　　　　　　　　(B)冷媒種類
(C)回油問題　　　　　　　　(D)停機時避免液態冷媒回流至壓縮機。

( )38. 螺旋式冰水主機冷媒循環系統管路上，下列哪些為必備配件？
(A)關斷閥　(B)逆止閥　(C)溫度及壓力錶　(D)過濾器。

( )39. 下列哪些是造成管路壓降的原因？
(A)管內表面粗糙度　(B)管徑大小　(C)管路長度　(D)管內流速。

( )40. 銀銲條包含下列哪些金屬成份？
(A)銀　(B)鐵　(C)鎳　(D)銅。

答　案 34.(AC)　35.(ABD)　36.(BCD)　37.(ABCD)　38.(ABD)　39.(ABCD)　40.(AD)

工作項目 04：冷媒循環系統處理

一、單選題

(D) 1. 蒸發器在壓縮機下方直立管加裝 U 型管之目的為
(A)集留異物不使流入壓縮機　　(B)集留液冷媒
(C)防止液壓縮　　(D)冷凍油容易回流。

(C) 2. 冷凍機之吸入管
(A)管徑越大越好，可減少阻力　　(B)由過熱度決定長度
(C)由流速決定管徑　　(D)在壓縮機附近做 U 型彎。

(A) 3. 冷凝器所測冷媒壓力之相對飽和溫度與該冷媒溫度相等時，表示
(A)冷媒沒有過冷卻　　(B)冷媒液溫度太低
(C)冷媒液溫度應稍高　　(D)兩者之間無甚關係。

(C) 4. 空氣中水份實際含量，主要隨
(A)乾球溫度(DB)　　(B)濕球溫度(WB)
(C)露點溫度(DP)　　(D)相對濕度(RH%)　而定。

(C) 5. 由空氣線圖解析，如經純冷卻過程時，其變化過程前之絕對濕度較變化後
為　(A)高　(B)低　(C)相同　(D)不一定。

解析　WB 不變，

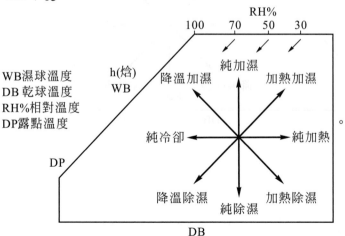

答　案	1.(D)	2.(C)	3.(A)	4.(C)	5.(C)

( ) 6. 由空氣線圖解析，如經純加濕過程時，其變化過程前之乾球溫度較變化後為？ (A)高 (B)低 (C)相同 (D)不一定。

解析 DB 不變，

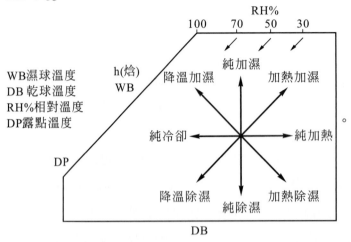

( ) 7. 由空氣線圖解析，如經冷卻除濕過程時，其變化過程前之熱焓量較變化後為 (A)高 (B)低 (C)相同 (D)不一定。

解析 變化前焓量較大，

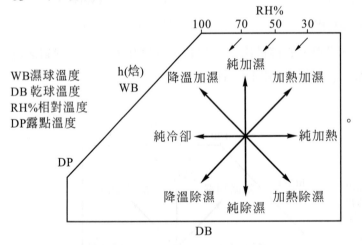

答 案 6.(C) 7.(A)

( ) 8.　由空氣線圖解析，如經純加熱過程時，其變化過程前之露點溫度較變化後為　(A)高　(B)低　(C)相同　(D)不一定。

解析　加熱前後 DP 不變，

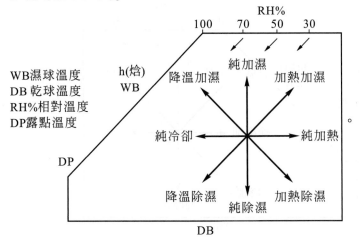

( ) 9.　由空氣線圖解析，如經化學除濕過程時，其變化過程前之乾球溫度較變化後為　(A)高　(B)低　(C)相同　(D)不一定。

解析　化學除濕前 DB 較低，

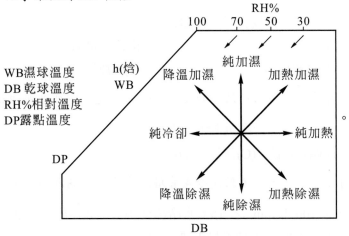

答案　8.(C)　9.(B)

( )10. 由空氣線圖解析，如經加熱加濕過程時，其變化過程前之相對濕度較變化
後為 (A)高 (B)低 (C)相同 (D)不一定。

解析 加熱加濕後 RH%不一定加大或變小，

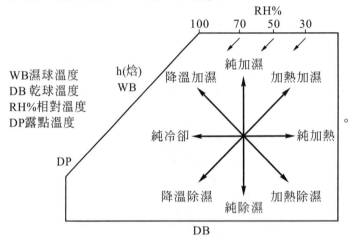

( )11. 冷凝器散出的熱量比蒸發器吸收之熱量
(A)小 (B)大 (C)相等 (D)不一定。

解析 冷凝器散失的熱量 = 蒸發器吸收的熱量 + 壓縮功的熱量。

( )12. 若用往復式壓縮機之卸載裝置，在卸載時係
(A)頂開低壓閥片 (B)頂開高壓閥片
(C)頂開高壓及低壓閥片 (D)關閉高壓閥片。

解析 頂開低壓閥片使其壓縮機無法達到壓縮冷媒的功能，即可達到卸載功能。

( )13. R-22 冰水主機冷媒循環系統加壓探漏用之氣體為
(A)氧氣 (B)壓縮空氣 (C)氨氣 (D)氮氣。

解析 因為氮氣內部含水分，才不致使冷媒管路冷凍油有受潮濕的現象。

( )14. 有一冰水器將 100 L/min 之 15℃水冷卻為 9℃，如冷媒之冷凍效果為 40
kcal/kg 時，所需要的冷媒循環量(kg/hr)約為
(A)15 kg/hr (B)90 kg/hr (C)600 kg/hr (D)900 kg/hr。

解析 $H = m \cdot s \cdot \triangle t = 100\,\text{kg/min} \times 60\text{min} \times 1\,\text{kcal/kg}\,℃ \times (15-9)℃ = 36000\,\text{kcal/hr}$，
冷媒循環量 = 冷凍負荷/冷凍效果 = 36000kcal/hr/40kcal/kg = 900 kg/hr。

答案 10.(D) 11.(B) 12.(A) 13.(D) 14.(D)

( )15. 有一冷凍機每一公制冷凍噸約需 0.8 kW 動力，茲有 100000 kcal/hr 之冷凍能力，其所需之動力(kW)約為

(A)27 kW　(B)26 kW　(C)24 kW　(D)20 kW。

解析 公制冷凍噸 = 3320kcal/hr，100000kcal/hr/3320kcal/hr ≅ 30 公制冷凍噸，所需動力 = 0.8kW × 30 = 24kW。

( )16. 某一出風口之有效截面積是 0.1 m²，測定之平均風速是 10 m/min，則其風量(CMM)為

(A)0.1 CMM　(B)1 CMM　(C)10 CMM　(D)100 CMM。

解析 風量 = 出風口有效截面積 × 平均風速
$$= 0.1m^2 \times 10m/min = 1\,m^3/min = 1CMM。$$

( )17. 攝氏溫度差為 25℃，如換算為華氏溫度時應為多少°F？

(A)13　(B)45　(C)50　(D)77。

解析 $°F = °C \times \dfrac{9}{5} = 25°C \times \dfrac{9}{5} = 45°F。$

( )18. 冷媒在液管中發生閃變時會使冷凍能力

(A)降低　(B)不變　(C)增加　(D)兩者不相關。

( )19. 理想冷凍循環系統中，蒸發器冷媒的變化係按

(A)等熵等焓　(B)等濕等溫　(C)等焓等壓　(D)等壓等溫　過程蒸發。

( )20. 若乾球溫度不變，氣冷式冷凝器盤管之冷卻能力隨外氣濕球溫度增加而？
(A)減少　(B)增加　(C)不變　(D)時增時減。

解析 氣冷式冷凝器，冷卻能力與乾球溫度有關係，與濕球溫度無關係。

( )21. 冷凍系統內冷媒充填太少時，其現象為

(A)高壓壓力過低、低壓壓力過低　(B)高壓壓力過高、低壓壓力過低
(C)高壓壓力過低、低壓壓力過高　(D)高壓壓力過高、低壓壓力過高。

( )22. 下列敘述何者正確？
(A)R-134a 蒸發潛熱較 R-22 大　(B)R-134a 與 R-22 均有色並可燃
(C)R-134a 臨界溫度較 R-22 高　(D)R-134a 凝固點較 R-22 低。

答案 15.(C)　16.(B)　17.(B)　18.(A)　19.(D)　20.(C)　21.(A)　22.(C)

( )23. 理想冷媒的特性之一為
(A)臨界溫度高　(B)潛熱值小　(C)蒸發溫度高　(D)比容大。

解析 冷媒特性：1.蒸發溫度低、2.比容小、3.蒸發潛熱值大、4.臨界溫度高、
5.凝固溫度低。

( )24. 密閉式壓縮機在低載運轉時，馬達冷卻效果會
(A)增加　(B)不變　(C)減少　(D)因溫度而異。

解析 低載時冷媒少，因此馬達冷卻效果減少。

( )25. 在中央空調往復式冰水主機冷媒循環系統中，如以氣態充填冷媒時，壓縮
機上工作閥的位置應
(A)順時針方向關至前位　　　　　　(B)置放在中位
(C)反時針方向退至後位　　　　　　(D)與位置無關。

( )26. 國內一般利用 U 型真空計測得之讀數為
(A)mmHg abs　(B)kgf/cm²G　(C)Pa　(D)psig。

( )27. 冷媒 R-22 在大氣壓力下，其蒸發溫度約為
(A) –29.8℃　(B) –40.75℃　(C) –50.75℃　(D) –60.8℃。

( )28. 依毒性區分，毒性最大的冷媒屬於何級？
(A)第 1 級　(B)第 2 級　(C)第 3 級　(D)第 4 級。

( )29. 冷媒 R-134a 與 R-22 之膨脹閥
(A)不可以　(B)可以　(C)不一定　(D)視壓縮機種類　互相替代使用。

( )30. R-22 冷凍機運轉時，高壓指示 13 kgf/cm² 是指
(A)壓縮機吸入壓力　　　　　　　　(B)冷凝器壓力
(C)蒸發器壓力　　　　　　　　　　(D)壓縮機曲軸箱壓力。

答案 23.(A)　24.(C)　25.(B)　26.(A)　27.(B)　28.(A)　29.(A)　30.(B)

( )31. 理論上高壓高溫的過熱氣態冷媒在冷凝器內以

(A)等壓 (B)等焓 (C)等熵 (D)等溫 狀態變化。

解析 (A)冷凝器及蒸發都是等壓等溫
狀態變化
(B)壓縮機為等熵過程
(C)膨脹閥為等焓過程。

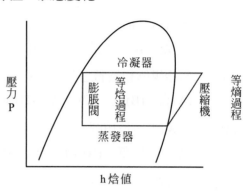

( )32. 壓縮機之工作壓力，高壓為 16 kgf/cm²G，低壓為 4 kgf/cm²G，則其壓縮比
應為

(A)4 (B)5 (C)3.4 (D)4.25。

解析 1 大氣壓力 = 1.033kg/cm²，壓縮比 = (16+1.033)/(4+1.033) = 3.4。

( )33. 輸入功率為 2 HP 之冷氣機能產生 3000 kcal/h 之冷凍能力，則其
EER(kcal/W-hr)值為

(A)1.76 kcal/W-hr (B)2.01 kcal/W-hr
(C)2.21 kcal/W-hr (D)8.9 kcal/W-hr。

解析 EER = 冷凍能力/壓縮機輸入功率
= 3000 kcal/hr/(2×746W) = 2.01 kcal/W-hr。

( )34. 物質完全不含熱量是在 (A)0°F (B)0°C (C)0 K (D)32 K。

解析 絕對零度 0 K 為不含熱量。

( )35. 加壓於一定質量之氣體則

(A)體積溫度均上升 (B)體積減小溫度上升
(C)體積膨脹溫度不變 (D)體積減小溫度下降。

( )36. 輻射熱之傳遞方式，係為

(A)顯熱 (B)潛熱 (C)顯熱與潛熱 (D)熱能與電磁能 之轉換。

( )37. 冷媒在汽缸內以斷熱方式壓縮，是沿

(A)等焓過程 (B)等熵過程 (C)等壓過程 (D)等溫過程 變化。

答案 31.(A) 32.(C) 33.(B) 34.(C) 35.(B) 36.(D) 37.(B)

( )38. 冷凍系統二次冷媒的熱交換是利用

(A)蒸發　(B)顯熱　(C)潛熱　(D)總熱　之變化。

( )39. 等質線又稱

(A)乾度線　(B)濕球線　(C)乾球線　(D)飽和線。

( )40. 當冷媒飽和氣體之溫度相同，R-22 冷媒之飽和壓力較 R-410A 冷媒者為

(A)高　(B)低　(C)一樣　(D)無法比較。

( )41. 冷媒壓力-焓值圖，在液氣混合區內由右側水平移動向左側時，表示

(A)壓力降低　(B)溫度降低　(C)溫度不變　(D)溫度升高。

( )42. 冷媒壓力-焓值圖上，飽和液曲線之左側為

(A)飽和氣體　(B)飽和氣液混和體　(C)飽和液體　(D)過冷液體。

( )43. 冷媒循環系統中，下列何種原因不會產生高壓過高？

(A)冷媒循環系統內有不凝結氣體　　　(B)冷凝器之冷卻管結垢

(C)冷媒充填過量　　　　　　　　　　(D)負荷太高。

( )44. 如果冷凝器之散熱量為冷凍負荷之 1.25 倍，當負荷為 3000 kcal/h 而冷卻水進出水溫差為 5℃，則其冷卻水量(LPM)為

(A)1.25 LPM　(B)12.5 LPM　(C)30 LPM　(D)150 LPM。

解析　冷凝器散熱量 $= 3000\,\text{kcal/h} \times 1.25 = 3750\,\text{kcal/hr}$ ，

冷卻水量 $=$ 冷凝器散熱量$/($進出水溫差$\times 60\text{min})$

$= 3750\,\text{kcal/hr}/5 \times 60\,\text{min} = 12.5\,\text{L/min} = 12.5\text{LPM}$ 。

( )45. 液氣分離(Accumulator)之主要功能為

(A)儲存液態冷媒經「過冷」後再環於系統

(B)防止液壓縮

(C)乾燥冷媒

(D)回收冷凍油輸回壓縮機。

( )46. 水冷式冰水機組裝設冷卻水調節閥，其壓力控制方式係利用

(A)高壓壓力

(B)低壓壓力

(C)油壓壓力

(D)高低壓差作為此調節閥之動作壓力。

答案　38.(B)　39.(A)　40.(B)　41.(C)　42.(D)　43.(D)　44.(B)　45.(B)　46.(A)

( )47. 有一小型氣冷式冷凍系統，未裝設溫度開關，請問可利用下列何種既有配件達到控制適溫之目的？
(A)高壓開關　　　　　　　　　　　(B)電磁開關之過載保護
(C)蒸發壓力調節器　　　　　　　　(D)壓縮機內裝式過熱保護開關。

( )48. R-134a 冷媒於液體時，呈
(A)白色　(B)綠色　(C)無色　(D)灰色。

( )49. 鹵素探漏器的火焰若遇氟氯碳氫化合物冷媒(HCFC)時會變成
(A)紅色　(B)黃色　(C)綠色　(D)白色。

( )50. 感溫式膨脹閥是
(A)感應室溫　　　　　　　　　　　(B)感應蒸發器出口溫度
(C)感應蒸發器入口管溫度　　　　　(D)感應壓縮機吐出管溫度　而動作。

( )51. 冰水主機剛完成抽真空步驟，欲從出液閥充填液態冷媒，首先要
(A)起動壓縮機　(B)關斷高壓修護閥　(C)破空　(D)關斷低壓修護閥。

( )52. 下列何者是已禁用的冷媒？
(A)HC 冷媒　(B)R-134a　(C)R-11　(D)NH_3。

解析　因為 R-11 冷媒破壞大氣層中的臭氧層最嚴重，所以被禁止使用。

( )53. 冷凍系統探漏方式不包括下列何種方法？
(A)肥皂水泡沫檢漏法　　　　　　　(B)檢漏器檢漏法
(C)檢漏水槽浸泡檢視法　　　　　　(D)抽氣檢漏法。

( )54. ODP(Ozone Depletion Potential)指標是以何種冷媒作基準？
(A)R-717　(B)CFC-11　(C)空氣　(D)水。

( )55. 銲接銅管時充填氮氣的目的是
(A)防止產生氧化膜　(B)增加銲接速度　(C)防止過熱　(D)防止沙孔。

( )56. 一般系統處理所用之乾燥空氣，要求其露點溫度需在多少(℃)最適當？
(A) –20℃　(B) –40℃　(C) –60℃　(D) –80℃。

( )57. 評斷一個冷凍系統效率是依系統的
(A)COP 值　(B)蒸發潛熱　(C)冷凍能力　(D)軸馬力　大小判定。

答案　47.(C)　48.(C)　49.(C)　50.(B)　51.(C)　52.(C)　53.(D)　54.(B)　55.(A)　56.(B)
57.(A)

( )58. 理想冷凍循環系統中，等熵過程是發生在下列何種設備？

(A)壓縮機　(B)冷凝器　(C)膨脹閥　(D)蒸發器。

( )59. 在理想冷凍循環系統中，等焓過程是發生在下列何種設備？

(A)壓縮機　(B)冷凝器　(C)膨脹閥　(D)蒸發器。

( )60. 純加熱時，會造成空氣的

(A)絕對濕度增加　　　　　　　　　(B)絕對濕度減少

(C)相對濕度增加　　　　　　　　　(D)相對濕度減少。

( )61. 一往復式壓縮機於標準測試狀態下，若壓縮比增加，則

(A)容積效率變大　　　　　　　　　(B)輸入功率增大

(C)冷凍能力增加　　　　　　　　　(D)容積效率不變。

( )62. 若某冷凍循環系統以逆卡諾循環(Reversed Carnot Cycle)運轉，則當蒸發溫度為 7°C 時，冷凝溫度為 47°C 時，其 COP 最大為

(A)1.14　(B)5.71　(C)7.00　(D)8.00。

解析 $COP = \dfrac{T_L}{T_H - T_L} = \dfrac{273+7}{(273+47)-(273+7)} = \dfrac{280}{40} = 7$。

( )63. 當系統冷凝溫度一定，蒸發溫度上升時，下列何者正確

(A)冷媒流率減少　　　　　　　　　(B)壓縮機容積效率降低

(C)冷凍效果增加　　　　　　　　　(D)冷凍容量減少。

解析 $COP = \dfrac{T_L}{T_H - T_L}$，當 T_H 固定 T_L 上升，則 COP 就變大，冷凍效果增加。

( )64. 在下列何種空調處理過程中，空氣的焓值不變？

(A)冷卻除濕　(B)絕熱加濕　(C)噴蒸氣加濕　(D)空氣清洗器。

( )65. 壓縮機發生液壓縮原因是

(A)負荷急劇變化　(B)電壓急劇變化　(C)冷卻水急劇變化　(D)管路阻塞。

( )66. 窗型空調機裝置溫度控制器主要的目的是控制

(A)馬達溫度　(B)室內溫度　(C)蒸發溫度　(D)凝結溫度。

( )67. 鹵素檢漏燈檢漏時，遇鹵素冷媒呈

(A)紅色　(B)黃色　(C)綠色　(D)灰色。

答案 58.(A)　59.(C)　60.(D)　61.(B)　62.(C)　63.(C)　64.(B)　65.(A)　66.(B)　67.(C)

( )68. 非共沸冷媒在冷凝器的溫度差為

(A)滑落溫度 (B)飽和溫度 (C)冷凝溫度 (D)蒸發溫度。

解析 因非共沸冷媒，由不同冷媒合成其沸點不相同，所以有溫度差稱為滑落溫度。

( )69. 溫度開關靠近氣箱或膜片之調整螺絲是調整

(A)溫度 (B)溫度差 (C)變高溫度 (D)變低溫度。

( )70. 冷媒量不足時，會有的現象是

(A)高壓壓力變高 (B)低壓壓力變高 (C)電流變小 (D)電流變大。

( )71. 非共沸冷媒在蒸發器的出口溫度會在什麼樣的情形下，系統需回收所有冷

媒重灌？ (A)下降 (B)上升 (C)不變 (D)上下不定

( )72. 迴轉式壓縮機曲軸箱壓力係與下列何者相同？

(A)低壓壓力 (B)介高低壓力間 (C)高壓壓力 (D)蒸發器壓力。

( )73. 風管截面積變化時，漸大角度應為

(A)10 度 (B)30 度 (C)45 度 (D)60 度 以下。

( )74. 由 R-125(44%)、R-143(52%)及 R-134a(4%)所混合非共沸冷媒為

(A)R-407C (B)R-404A (C)R-410A (D)R-408A。

( )75. 使用零 ODP 的冷媒循環系統，其乾燥過濾器是用

(A)矽膠 (B)氧化鈣 (C)無水硫酸 (D)分子篩。

( )76. 測試低壓用電絕緣電阻之高阻計電壓為

(A)AC220V (B)DC220V (C)AC500V (D)DC500V。

解析 低電壓為 600V 以下，而測試絕緣電阻都使用 DC，因此選用 DC500V 的電壓。

( )77. 有關冷凍系統之吸氣管，下列敘述哪些正確？

(A)管徑越小越好，可減少成本 　　(B)由過冷度決定長度

(C)由流速決定管徑 　　(D)在壓縮機附近做儲液器。

( )78. 空氣經化學除濕過程中，過程前之焓值較變化後為

(A)高 (B)低 (C)相同 (D)不一定。

答案 68.(A) 69.(B) 70.(C) 71.(B) 72.(C) 73.(B) 74.(B) 75.(D) 76.(D) 77.(C)

78.(B)

( )79. 蒸發器吸收之熱量比冷凝器排放的熱量
(A)小 (B)大 (C)相等 (D)不一定。

解析 冷凝器排放熱量包含蒸發器吸收熱量及壓縮機的馬達排放熱量。

( )80. 有一冰水器之冷凍效果為 40 kcal/kg，冷媒循環量為 900 kg/hr，冰水由 13 ℃降至 7℃，此時冰水循環量(L/min)為多少？
(A)100 L/min (B)150 L/min (C)600 L/min (D)900 L/min。

解析 冷凍負載 $= 40\,\text{kcal/kg} \times 900\,\text{kg/hr} = 36000\,\text{kcal/hr}$，
冰水循環量 $= 36000\,\text{kcal/hr} / (1\text{kcal/kg}^\circ\text{C} \times (13-7)^\circ\text{C} \times 60\,\text{min})$
$\qquad\qquad = 100\,\text{L/min} = 100\,\text{LPM}$。

( )81. 有一冷凍機每一公制冷凍噸 0.65 kW 動力，茲有 99600 kcal/hr 之冷凍能力，其所需之動力(kW)為
(A)37.5 kW (B)26.5 kW (C)19.5 kW (D)15.5 kW。

解析 公制冷凍噸 $= 3320\,\text{kcal/hr}$，$99600\text{kcal/hr} / 3320\,\text{kcal/hr} = 30$ 公制冷凍噸，
所需動力 $= 0.65\text{kW} \times 30 = 19.5\text{kW}$。

( )82. 某一出風口之有效面積為 0.1 m²，風量為 10 CMM，則其平均風速(m/min)應為 (A)0.1 m/min (B)1 m/min (C)10 m/min (D)100 m/min。

解析 平均風速 $v = Q/A = 10\text{m}^3/\text{min}/0.1\text{m}^2 = 100\,\text{m/min}$。

( )83. 某一出風口之風量為 10 CMM，測定之平均風速為 10 m/min，則其有效面積(m²)為 (A)0.1 m² (B)1 m² (C)10 m² (D)100 m²。

解析 有效面積 $A = Q/v = 10\text{m}^3/\text{min}/10\text{m/min} = 1\text{m}^2$。

( )84. 攝氏溫度差為 50℃，如換算為華氏溫度差(℉)時應為
(A)13℉ (B)45℉ (C)50℉ (D)90℉。

解析 華氏溫度差 $^\circ\text{F} = 50^\circ\text{C} \times \dfrac{9}{5} = 90^\circ\text{F}$。

( )85. 理想蒸氣壓縮冷凍循環系統中，理想的冷凝過程係按
(A)等熵 (B)等焓 (C)等溫 (D)等壓 過程。

( )86. 若乾球溫度不變，冷卻水塔之冷卻能力隨外氣濕球溫度上升而
(A)減少 (B)增加 (C)不變 (D)先減少後增加。

答案 79.(A) 80.(A) 81.(C) 82.(D) 83.(B) 84.(D) 85.(D) 86.(A)

( )87. 冷媒 R-410A 與 R-22 之膨脹閥
(A)不可以　(B)可以　(C)不一定　(D)視壓縮機種類　互相替代使用。

( )88. 蒸氣壓縮冷凍循環系統之壓縮比為 3.4，高壓壓力為 16 kgf/cm^{2}G，則其低壓壓力(kgf/cm^{2}G)應為
(A)4 kgf/cm^{2}G　(B)5 kgf/cm^{2}G　(C)3.4 kgf/cm^{2}G　(D)4.25 kgf/cm^{2}G。

解析 壓縮比 $= 3.4 = \dfrac{16+1.033}{低壓壓力+1.033}$ ，

所以 $16+1.033 = 3.4 \times 低壓壓力 + 3.4 \times 1.033$，低壓壓力 $= 4 \,\text{kgf}/\text{cm}^2 \text{G}$。

( )89. 某蒸氣壓縮冷凍循環系統壓縮功為 2 kW，冷凍效果為 6000 kcal/h，則其 COP 值為　(A)3.49　(B)3.0　(C)2.89　(D)3.5。

解析 $1\text{kW} = 860 \,\text{kcal/hr}$ ，$\text{COP} = 6000 \,\text{kcal/h}/2 \times 860 \,\text{kcal/h} = 3.49$。

( )90. 某蒸氣壓縮冷凍循環系統其壓縮功為 2 HP，冷凍效果為 3 kW，則其 COP 值為　(A)1.76　(B)2.01　(C)2.21　(D)8.9。

解析 $1\text{HP} = 0.746\text{kW}$ ，$\text{COP} = 3\text{kW}/2 \times 0.746\text{kW} = 2.01$。

二、複選題

( )91. 冷媒循環系統中，膨脹閥的功能是
(A)降壓　(B)調節冷媒流率　(C)增加冷凍效果　(D)幫助冷凍油回流。

( )92. 冷媒循環系統中，膨脹裝置有下列哪些？
(A)浮球閥　(B)孔口板　(C)毛細管　(D)嚮導式膨脹閥。

( )93. 冷凍系統中，選用毛細管作為降壓裝置的基準為何？
(A)外徑　(B)內徑　(C)廠牌　(D)長度。

( )94. 理想蒸氣壓縮冷凍循環系統，下列哪些過程正確？
(A)等熵壓縮　(B)等溫排熱　(C)等焓膨脹　(D)等壓吸熱。

( )95. 下列哪些屬於容積式壓縮機？
(A)往復式壓縮機　　　　　　　　　(B)螺旋式壓縮機
(C)離心式壓縮機　　　　　　　　　(D)迴轉式壓縮機。

答案 87.(A)　88.(A)　89.(A)　90.(B)　91.(AB)　92.(ABCD)　93.(BD)　94.(ACD)

95.(ABD)

( )96. R-22 冰水機系統加壓探漏用之氣體為
(A)氧氣　(B)壓縮乾燥空氣　(C)氨氣　(D)氮氣。

( )97. 理想冷媒的特性，下列敘述哪些正確？
(A)臨界溫度高　(B)潛熱值大　(C)蒸發溫度高　(D)黏滯度小。

( )98. 下列敘述哪些正確？
(A)R-134a 蒸發潛熱較 R-22 大　(B)R-134a 與 R-22 均有色並可燃
(C)R-134a 臨界溫度較 R-22 高　(D)R-134a 凝固點較 R-22 高。

( )99. 非共沸冷媒 R-503 是由下列哪些冷媒混合而成？
(A)R-13　(B)R-23　(C)R-113　(D)R-123。

( )100. 非共沸冷媒 R-508B 是由下列哪些冷媒混合而成？
(A)R-23　(B)R-115　(C)R-22　(D)R-116。

( )101. 非共沸冷媒 R-404A 是由下列哪些冷媒混合而成？
(A)R-125　(B)R-115　(C)R-143　(D)R-134a。

( )102. 非共沸冷媒 R-417A 是由下列哪些冷媒混合而成？
(A)R-125　(B)R-115　(C)R-134a　(D)R-600。

( )103. 冷媒量不足時，會有的現象是？
(A)高壓壓力變低　(B)低壓壓力變高　(C)電流變小　(D)電流變大。

( )104. 當系統冷凝溫度一定，蒸發溫度上升時，下列敘述哪些正確？
(A)COP 降低　　　　　　　　(B)冷媒質量流率增加
(C)冷凍效果增加　　　　　　　(D)冷凍能力減少。

( )105. 在理想蒸氣壓縮冷凍循環系統中，等壓過程是發生在下列哪些設備？
(A)壓縮機　(B)冷凝器　(C)膨脹閥　(D)蒸發器。

( )106. 冷凍循環系統的性能是依下列哪些項目來判定？
(A)COP 值　(B)EER 值　(C)冷凍能力　(D)每冷凍噸的耗電量。

( )107. 下列哪些為不是被禁用的冷媒？
(A)R-410A　(B)R-134a　(C)R-11　(D)NH$_3$。

答案　96.(BD)　97.(ABD)　98.(CD)　99.(AB)　100.(AD)　101.(ACD)　102.(ACD)

103.(AC)　104.(BC)　105.(BD)　106.(ABD)　107.(ABD)

( )108. 當往復式壓縮機系統運轉時，冷凍能力不變、壓縮比增加，則
(A)容積效率變大 　　　　　　　　(B)輸入功率增大
(C)實際排氣量降低 　　　　　　　　(D)容積效率不變。

( )109. 銅管燒銲時，下列哪些非充填氮氣的目的？
(A)防止產生氧化膜　(B)增加銲接速度　(C)防止過熱　(D)防止沙孔。

( )110. 冷凍系統若冷媒充填太多時，其可能現象為
(A)高壓壓力變低　(B)低壓壓力變高　(C)電流變小　(D)電流變大。

( )111. 下列哪些可為保護壓縮機之元件？
(A)高壓開關 　　　　　　　　(B)電磁開關之過載保護器
(C)蒸發壓力調節器 　　　　　　　　(D)壓縮機線圈過熱保護開關。

( )112. 下列哪些為冷凍循環系統探漏方式？
(A)肥皂水泡沫檢漏法 　　　　　　　　(B)檢漏器檢漏法
(C)檢漏水槽浸泡檢視法 　　　　　　　　(D)抽氣檢漏法。

( )113. 冰水主機抽真空完成，充填液態冷媒之前，必須做下列哪些處理？
(A)起動壓縮機　(B)啟動水泵　(C)以氣態冷媒破空　(D)關斷低壓修護閥。

( )114. 有關氨系統的試漏，下列敘述哪些正確？
(A)可用硫與氨產生硫化氨白色煙霧
(B)鹵素燈檢漏法
(C)試紙接觸到氨會變成紅色
(D)肥皂水泡沫檢漏法。

( )115. 冷媒循環系統中，下列何種原因會造成高壓過高？
(A)冷媒循環系統內有不凝結氣體 　　　(B)冷凝器之冷卻管結垢
(C)冷媒充填過量 　　　　　　　　(D)與負荷大小無關。

( )116. 非供沸冷媒莫里爾線圖(Mollier Chart)，在液氣混合區內由右側水平移動向
左側時，表示　(A)壓力不變　(B)壓力降低　(C)溫度下降　(D)溫度升高。

( )117. 輻射熱之傳遞方式係為哪兩種能量之轉換？
(A)動能　(B)位能　(C)熱能　(D)電磁能。

答 案　108.(BC)　　109.(BCD)　　110.(BD)　　111.(ABD)　　112.(ABC)　　113.(BC)　　114.(ACD)

115.(ABC)　　116.(AC)　　117.(CD)

( )118. 物質完全不含熱量是在？ (A)－273°F (B)－273℃ (C)0 K (D)0℃。

解析 絕對零度(不含熱量)溫度值為 0 K 或－273℃。

( )119. R-22 冷凍機運轉時，低壓指示 5 kgf/cm^{2}G 可能是指
　　　　(A)壓縮機吸入壓力　　　　　　　　(B)冷凝器壓力
　　　　(C)蒸發器壓力　　　　　　　　　　(D)壓縮機曲軸箱壓力。

答案 118.(BC) 119.(ACD)

工作項目 05：電路系統處理

一、單選題

(A) 1. 送風機轉數增加時，其軸馬力會　(A)增加　(B)不變　(C)減少　(D)無關。

解析　軸馬力與風機轉速成立方比：$\dfrac{HP_1}{HP_2} = (\dfrac{N_1}{N_2})^3$。

(B) 2. 冷凍主機之高壓壓力升高時，馬達運轉電流
(A)降低　(B)升高　(C)不變　(D)不一定。

(A) 3. 在正常氣溫與同樣耗電量之下，熱泵的加熱能力與電熱器的加熱能力比較時，則
(A)熱泵比電熱器高　　　　　　(B)熱泵比電熱器低
(C)相等　　　　　　　　　　　(D)因電熱器種類而異。

解析　熱泵的加熱能力 ＝ 外部空氣的熱 ＋ 壓縮功的熱，所以比電熱器的加熱能力高。

(C) 4. 三相 220V 之電路中，負載電流 20A，功率因數為 0.8，其消耗電力(W)為
(A)3520 W　(B)4400 W　(C)6097 W　(D)7097 W。

解析　三相電功率 $P_{3\phi} = \sqrt{3}VI\cos\theta = \sqrt{3} \times 220 \times 20 \times 0.8 = 6097W$。

(B) 5. 控制開關若為單極雙投，代號為
(A)SPST　(B)SPDT　(C)DPST　(D)DPDT。

解析　單極雙投(Single Pole Double Throw)SPDT。

(C) 6. 某一 3 HP 之送風機馬達轉速為 400 rpm，若轉速需要 600 rpm 時，則其馬達力數(HP)應選用　(A)4 HP　(B)5 HP　(C)10 HP　(D)20 HP。

解析　馬力數 $= 3HP \times (\dfrac{600}{400})^3 = 10HP$。

(B) 7. 有一 4 極馬達，頻率 50Hz，則其同步轉速(rpm)為何？
(A)1600 rpm　(B)1500 rpm　(C)1400 rpm　(D)1200 rpm。

解析　同步轉速 $N_s = 120f/p = 120 \times 50/4 = 1500rpm$。頻率：$f$，極數：$p$

答案　1.(A)　2.(B)　3.(A)　4.(C)　5.(B)　6.(C)　7.(B)

( ) 8. 油壓開關在壓縮機馬達起動時，若油壓泵之油壓無法建立時，大約在幾秒內使 OT 接點受 H 加熱而跳脫？
(A)40 秒　(B)120 秒　(C)180 秒　(D)240 秒。

( ) 9. 自動溫度開關、濕度開關、壓力開關、流量開關等若有 C、N.C 和 N.O 之接點者稱之為　(A)DPST　(B)DPDT　(C)SPST　(D)SPDT。

解析　Common 公共點、N.O(Normal Open)A 接點、N.C(Normal Close)B 接點，稱為單極雙投(SPDT)。

( ) 10. 三相馬達之電源線斷一條時，若送上電源(ON)，則
(A)馬達不轉　　　　　　　　　　(B)馬達會轉但起動電流較大
(C)會反轉　　　　　　　　　　　(D)以單相馬達之特性運轉。

( ) 11. 有一送風機轉速增加時，其風量　(A)增加　(B)不變　(C)減少　(D)無關。

( ) 12. 三相感應電動機以 Y－△啟動時，其啟動轉矩為全電壓啟動時之
(A)$\dfrac{1}{\sqrt{3}}$　(B)$\dfrac{1}{3}$　(C)$\dfrac{1}{2}$　(D)$\sqrt{3}$。

解析　Y－△在降壓時電壓降為全壓的 $\dfrac{1}{\sqrt{3}}$ 倍，而啟動轉矩與電壓平方成正比，所以 $T=(\dfrac{1}{\sqrt{3}})^2=\dfrac{1}{3}$。

( ) 13. 往復式冰水主機在冰水器入口處之溫度開關應為
(A)防凍開關　　　　　　　　　　(B)冰水溫度控制開關
(C)馬達過熱開關　　　　　　　　(D)油溫保護開關。

( ) 14. 冰水流量開關應裝設在
(A)冰水泵之入水端
(B)冰水泵之出水處至冰水器之入口處
(C)冰水器之出口端
(D)只要在冰水管路中任何處皆可。

( ) 15. 可正逆向任意迴轉使用之壓縮機為
(A)迴轉式　(B)螺旋式　(C)往復式　(D)離心式。

答案　8.(B)　9.(D)　10.(A)　11.(A)　12.(B)　13.(B)　14.(C)　15.(C)

( )16. 30kW 之電熱器其熱量等同於多少 kcal/h？
(A)30 kcal/h　(B)25800 kcal/h　(C)30000 kcal/h　(D)360000 kcal/h。

解析 $1kW = 860\,kcal/hr$ ，$30kW = 30 \times 860\,kcal/h = 25800\,kcal/h$。

( )17. 可交直流兩用之電器設備為
(A)變壓器　(B)感應電動機　(C)日光燈　(D)電熱器。

( )18. 三相電路作 Y 接線其線電壓等於　(A)2　(B)$\sqrt{3}$　(C)1　(D)$\dfrac{1}{3}$　相電壓。

解析 Y 接線：線電壓 $= \sqrt{3}$ 相電壓，線電流 = 相電流。

( )19. 馬達裝置啟動電容器的目的為
(A)降低啟動電流　　　　　　　　(B)降低運轉電流
(C)產生轉矩幫助啟動　　　　　　(D)使運轉圓滑。

( )20. 某用戶使用窗型空調機，其使用電力為 2 kW，每日使用滿載 10 小時，則
一個月(30 天)計用電為　(A)240 度　(B)480 度　(C)600 度　(D)780 度。

解析 1 度電=1kWh，一個月使用度數 $= 2\,kW \times 10\,h \times 30 = 600\,kWh = 600$ 度。

( )21. 可自動控制冰水主機啟停之裝置為
(A)冰水溫度開關　(B)高壓開關　(C)低壓開關　(D)防凍開關。

( )22. 4 極、頻率 60Hz 及轉差率為 0.05 的馬達，其轉速(rpm)為
(A)1710 rpm　(B)18000 rpm　(C)3420 rpm　(D)3600 rpm。

解析 轉速 = 同步轉速 $\times$ (1－轉差率) $= (120 \times 60 / 4) \times (1 - 0.05) = 1710$ rpm。

( )23. 當 110V，600 W 之電熱器，當電壓降為 100V 時，其消耗電力(W)為
(A)486W　(B)496 W　(C)506 W　(D)546 W。

解析 消耗電力 $= 600\,W \times (\dfrac{100}{110})^2 = 496\,W$。

( )24. 三相馬達 Y 型聯接時，電流為 25A 則其相電流(A)為
(A)7.3A　(B)14.4A　(C)15.6A　(D)25A。

解析 Y 接線：線電流 = 相電流，$I_L = 25A$　$\therefore I_P = 25A$。

答案 16.(B)　17.(D)　18.(B)　19.(C)　20.(C)　21.(A)　22.(A)　23.(B)　24.(D)

( )25. 一比流器其變流比為 200/5 安培，如一次電流為 140A，則其二次側電流(A)為 (A)0.7A (B)3.5A (C)4.5A (D)5A。

解析 變流比 $= 200/5 = 40$，$I_1/I_2 = 40$，$I_1 = 140A$，$I_2 = 140/40 = 3.5A$。

( )26. Y－Δ 起動之感應電動機，若要使電動機反轉時，不在電源側調相的情況下，在電動機出線頭換線最少應換幾條？
(A)1 條 (B)2 條 (C)4 條 (D)6 條。

( )27. 4 極、60Hz 之三相感應電動機，當其轉速為 1764 rpm 時，其轉差率(%)為多少？ (A)1.5% (B)2% (C)2.5% (D)3%。

解析 轉差率 $\text{Slip} = \dfrac{N_s - N_r}{N_s} \times 100\% = \dfrac{1800 - 1764}{1800} \times 100\% = 2\%$，

$N_s = \dfrac{120f}{p} = \dfrac{120 \times 60}{4} = 1800\text{rpm}$。

( )28. 利用 Y－Δ 啟動鼠籠式的三相感應馬達，可將啟動電流降低為全壓啟動方式的幾分之幾？ (A)$\dfrac{\sqrt{2}}{3}$ (B)$\dfrac{1}{3}$ (C)$\dfrac{\sqrt{3}}{2}$ (D)$\dfrac{1}{\sqrt{3}}$。

解析 Y：$V_L = \sqrt{3}V_P$，$V_P = \dfrac{V_L}{\sqrt{3}}$，$I_L = I_P$，$I_P = \dfrac{V_P}{Z} = \dfrac{V_L/\sqrt{3}}{Z} = \dfrac{V_L}{\sqrt{3}Z} = I_L$；

$\triangle$：$V_L = V_p$，$I_L = \sqrt{3}I_P$，$I_P = \dfrac{V_P}{Z} = \dfrac{V_L}{Z}$，$I_L = \sqrt{3}I_P$，$I_L = \dfrac{\sqrt{3}V_L}{Z}$；

$\Rightarrow \dfrac{I_{LY}}{I_{L\triangle}} = \dfrac{V_L/\sqrt{3}Z}{\sqrt{3}V_L/Z} = \dfrac{1}{3}$。

( )29. 3E 電驛可保護馬達回路之
(A)過載、短路、欠相 (B)過載、欠相、接地
(C)過載、逆相、欠相 (D)接地、過載、短路。

( )30. 三相電壓量測每二相的電壓值為，221V/230V/227V，試求不平衡電壓的百分比為 (A)2.1% (B)2.2% (C)2.3% (D)2.4%。

解析 三相平均電壓 $= \dfrac{221 + 230 + 227}{3} = 226$，

不平衡電壓百分比 $= \dfrac{226 - 221}{226} \times 100\% = 2.2\%$。

答案 25.(B) 26.(C) 27.(B) 28.(B) 29.(C) 30.(B)

( )31. 一個比流器規格是 50/5A，貫穿圈數 3 匝，與一只電流錶規格 75/5A 配用，
試問比流器一次導線要貫穿幾匝？
(A)2 匝　(B)3 匝　(C)4 匝　(D)5 匝。

解析 比流器一次導線貫穿匝數 $= \dfrac{\text{CT一次側電流} \times \text{貫穿匝數}}{\text{電流表一次電流}} = \dfrac{50 \times 3}{75} = 2\text{匝}$。

( )32. 關於三相壓縮機 Y－Y 起動，下列敘述何者錯誤？
(A)一繞組起動後另一繞組接入並聯運轉　(B)降低起動電流
(C)起動轉矩減少　(D)適用於高載下啓動。

解析 Y－Y 啓動適用於卸載或空載啓動。

( )33. 卸載起動的設計是為了什麼目的？
(A)增加起動轉矩　(B)增加功率因數
(C)降低起動電流　(D)降低運轉電流。

( )34. 加 110V 電壓於一電熱器，使用 10 分鐘要產生 140 kcal 熱量，求其電阻(Ω)
為多少？　(A)12.45Ω　(B)24.9Ω　(C)6.23Ω　(D)3.12Ω。

解析 $H = 0.24 I^2 Rt = 0.24 \times \dfrac{V^2}{R} t = 0.24 \times \dfrac{110^2}{R} \times 10 \times 60 = 140\text{kcal}$，

$R = 0.24 \times 12100 \times 600 / 140 = 12.45\Omega$。

( )35. 高感度高速型漏電斷路器是指感應電流時間及動作時間為
(A)30 mA 以下及 1 sec 以內　(B)1 A 以下及 0.1 sec 以內
(C)30 mA 以下及 0.1 sec 以內　(D)1 A 以下及 1 sec 以內。

答案 31.(A)　32.(D)　33.(C)　34.(A)　35.(C)

( )36. 如下圖已知 $C_1=6\mu F$，$C_2=12\mu F$ 及 $C_3=6\mu F$，求 ab 間等效電容值(μF)為
(A)$10\mu F$ (B)$4.5\mu F$ (C)$6\mu F$ (D)$12\mu F$。

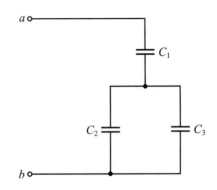

解析 $C_1=6\mu F$，$C_2=12\mu F$，$C_3=6\mu F \Rightarrow C_2+C_3=12+6=18\mu F$ ；

a-b 間等效電容值：$\dfrac{1}{C_T}=\dfrac{1}{C_1}+\dfrac{1}{C_2+C_3}=\dfrac{1}{6}+\dfrac{1}{18}=\dfrac{4}{18}\Rightarrow C_T=\dfrac{18}{4}=4.5\mu F$。

( )37. 如下圖已知 $C_1=6\mu F$，$C_2=12\mu F$ 及 $C_3=6\mu F$，求 ab 間等效電容值(μF)為
(A)$10\mu F$ (B)$4.5\mu F$ (C)$6\mu F$ (D)$12\mu F$。

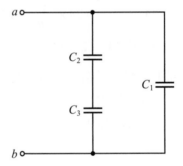

解析 $\dfrac{1}{C_T}=\dfrac{1}{C_2}+\dfrac{1}{C_3}=\dfrac{1}{12}+\dfrac{1}{6}=\dfrac{3}{12}\rightarrow C_T=\dfrac{12}{3}=4\mu F$ ；

a-b 間等效電容值 $=C_T+C_1=4+6=10\mu F$。

答案 36.(B) 37.(A)

( )38. 如下圖已知 L_1＝6 亨利，L_2＝12 亨利及 M_{12}＝2 亨利，求 ab 間等效電感值(亨利)爲 (A)18 亨利 (B)14 亨利 (C)16 亨利 (D)20 亨利。

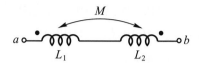

解析 a-b 間等效電感值＝$L_1 + L_2 - 2M_{12} = 6 + 12 - 2 \times 2 = 14$ 亨利。

( )39. 依屋內配線裝置規則，選用低壓用電設備單獨接地之接地線線徑，是依下列何項因素而定？
(A)過電流保護器容量 (B)接戶線線徑 (C)變壓器容量 (D)接地種類。

( )40. 10 微法拉之低壓電容器充電至 100 伏特，所儲存的能量(焦耳)爲多少？
(A)0.05 焦耳 (B)0.1 焦耳 (C)0.2 焦耳 (D)0.5 焦耳。

解析 $W = \dfrac{1}{2}CV^2 = \dfrac{1}{2} \times 10 \times 10^{-6} \times 100^2 = 0.05$ 焦耳。

( )41. 比流器使用時，二次側
(A)不得短路 (B)不得開路 (C)不得接地 (D)沒極性區別。

解析 比流器二次側若是開路，會使二次側產生高壓情形，而燒毀比流器的線圈。

( )42. 電感值 0.25 亨利，頻率爲 50Hz，求其電抗(歐姆)？
(A)78.5 歐姆 (B)94.3 歐姆 (C)12.5 歐姆 (D)15 歐姆。

解析 $X_L = 2\pi f L = 2 \times 3.14 \times 50 \times 0.25 = 78.5\Omega$ 。

( )43. 電容值 3 微法拉，頻率爲 60Hz，求其電抗(歐姆)？
(A)884.2 歐姆 (B)1061.6 歐姆 (C)1800 歐姆 (D)1540 歐姆。

解析 $X_C = \dfrac{1}{2\pi f C} = \dfrac{1}{2 \times 3.14 \times 60 \times 3 \times 10^{-6}} = 884.2\Omega$ 。

( )44. 導線之安培容量是以周圍溫度(℃)
(A)25℃ (B)35℃ (C)40℃ (D)20℃ 爲計算基準。

( )45. 有效表指示 30 kW，無效表指示 40 kVAR，求視在功率(kVA)？
(A)20 kVA (B)50 kVA (C)40 kVA (D)70 kVA。

解析 $S = \sqrt{P^2 + Q^2} = \sqrt{30^2 + 40^2} = 50\text{kVA}$ 。

答案 38.(B) 39.(A) 40.(A) 41.(B) 42.(A) 43.(A) 44.(B) 45.(B)

( )46. 三相感應電動機在運轉中，若電源欠一相則電動機情況為
(A)立即停止運轉　(B)維持原運轉　(C)速度變慢甚致燒損　(D)電流減少。

( )47. 欲拆除比流器二次側之計器，應先將比流器二次側
(A)開路　(B)接地　(C)短路　(D)拆除接線。

解析 比流器二次側不可開路，否則會損壞比流器，因此要短路二次側。

( )48. 變壓器之閉路實驗是測定變壓器之
(A)銅損　(B)鐵損　(C)功率因數　(D)總效率。

( )49. 變壓器之開路實驗是測定變壓器之
(A)銅損　(B)鐵損　(C)功率因數　(D)總效率。

( )50. 比流器之二次側額定電流(安培)為
(A)3 安培　(B)5 安培　(C)10 安培　(D)1 安培。

( )51. 無熔絲斷路器規格之 IC 值係表示
(A)負載容量　(B)啟斷容量　(C)跳脫容量　(D)框架容量。

解析 IC：Interruption (啟斷) Capactive (容量)。

( )52. 額定 220V 50Hz 之交流線圈，若連接於 220V 60Hz 電源，則其激磁電流
(A)減少 20%　(B)減少 40%　(C)增加 20%　(D)增加 40%。

解析 $E = 4.44 f \phi mN$，在 E 固定下，f 由 50Hz 升為 60Hz，$X_L = 2\pi fL$ 大，激磁電流會減少 20%。

( )53. 三相三線 220V 配電線路，已知線路電流為 100A，消耗電力為 34 kW，則其功率因數(%)約為多少？　(A)85%　(B)90%　(C)95%　(D)98%。

解析 $P_{3\phi} = \sqrt{3}VI\cos\theta$，$\cos\theta = \dfrac{P_{3\phi}}{\sqrt{3}VI} = \dfrac{34000}{\sqrt{3}\times 220\times 100} = 0.9$，0.9 為 90%。

( )54. 三相感應電動機若轉子達到同步轉速時，將會
(A)產生最大轉矩　　　　　　　　(B)感應最大電勢
(C)無法感應電勢　　　　　　　　(D)產生最大電流。

答案 46.(C)　47.(C)　48.(A)　49.(B)　50.(B)　51.(B)　52.(A)　53.(B)　54.(C)

( )55. 電阻與電感串聯之電路，若電阻與感抗比值為 $\sqrt{3}$：1 該電路功率因數為
(A)$\dfrac{1}{\sqrt{2}}$ (B)$\dfrac{1}{2}$ (C)$\dfrac{\sqrt{3}}{2}$ (D)$\dfrac{1}{3}$ 。

解析 $Z = \sqrt{R^2 + X_L^2} = \sqrt{(\sqrt{3})^2 + 1^2} = 2$，$\cos\theta = \dfrac{R}{Z} = \dfrac{\sqrt{3}}{2}$ 。

( )56. 依屋內配線裝置規則，低壓用戶三相 380V 電動機在多少馬力(HP)以下可直接啟動？ (A)15 HP (B)50 HP (C)30 HP (D)10 HP。

( )57. 變壓器二次側 Y 接，以三相四線式供電，若線間電壓是 208V，則非接地導線與中性線之間的電壓(V)是 (A)100V (B)110V (C)190V (D)120V。

解析 Y 接線：$V_L = \sqrt{3}V_P$，$V_P = \dfrac{V_L}{\sqrt{3}} = \dfrac{208}{\sqrt{3}} = 120V$ 。

( )58. 冰水主機在冰水器出口處之溫度開關應為
(A)防凍開關 (B)冰水溫度控制開關
(C)馬達過熱開關 (D)油溫保護開關。

( )59. (本題刪題)可自動控制冰水主機啟停之裝置為
(A)冰水溫度開關 (B)高壓開關 (C)低壓開關 (D)防凍開關。

( )60. 下列何項不是螺旋式主機系統運轉必要保護元件？
(A)逆相保護電驛 (B)油壓差開關 (C)低壓開關 (D)防凍開關。

( )61. 下列何項不是往復式主機系統運轉必要保護元件？
(A)逆相保護電驛 (B)油壓差開關 (C)低壓開關 (D)防凍開關。

( )62. A、B 兩電容器，充以相等的電荷後，測得 A 的電壓為 B 電壓的 4 倍，則 A 的靜電容為 B 的多少倍？ (A)16 (B)$\dfrac{1}{16}$ (C)$\dfrac{1}{4}$ (D)4。

解析 $Q = CV$，$Q_A = 4C_A V_B = Q_B = V_B C_B$，$\therefore C_A = \dfrac{C_B}{4} = \dfrac{1}{4}C_B$ 。

( )63. 三相電動機之 Y－△降壓啟動，其 MCD 與 MCS 做連鎖控制之主要目的在避免 (A)過載 (B)電磁接觸器不良 (C)漏電 (D)主電路相間短路。

答案 55.(C) 56.(B) 57.(D) 58.(A) 59.(A) 60.(B) 61.(A) 62.(C) 63.(D)

( )64. 1φ3W 110/220V 供電系統，使用於額定電壓 220V 空調機，試問其外殼接地電阻(Ω)應保持在多少以下？ (A)10Ω (B)25Ω (C)50Ω (D)100Ω。

解析 1φ3W 110/220V 其對地電壓為110V，法規 25 條規定對地電壓 150V 以下接地電阻100Ω 以下。

( )65. 一電熱器接於 200V 電源，若已知通過電流為 10A，時間為 10 分鐘，則電能轉換為熱能(J)之值為
(A)3.6×10^4 J (B)2.5×10^5 J (C)2.1×10^7 J (D)1.2×10^6 J。

解析 $H = V \times I \times t = 200 \times 10 \times 10 \times 60 = 1.2 \times 10^6$ 焦耳(J)。

( )66. 有 3φ 380V 10HP 電動機一台，功率因數 0.83、機械效率 0.86，則其額定電流值(A)約為 (A)13.8A (B)17.1A (C)15.5A (D)27.5A。

解析 $P_{3\phi} = \sqrt{3}VI\cos\theta \times \eta$ ， $I = \dfrac{P_{3\phi}}{\sqrt{3}V\cos\theta \times \eta} = \dfrac{10 \times 746W}{\sqrt{3} \times 380 \times 0.83 \times 0.86} = 15.5A$ 。

( )67. 依我國目前供電系統，1φ3W 110/220V 可用於用電容量(kW)多少以下？
(A)5kW (B)10kW (C)20kW (D)30kW。

( )68. 感應電動機之轉部旋轉方向是依下列何種選項而定？
(A)轉部電壓 (B)轉部電流 (C)定部旋轉磁場 (D)負載。

( )69. 有 110V 60W 及 110V 20W 電阻性燈泡串聯後，接於 220V 電源上，將會使
(A)60W 燒損 (B)20W 燒損 (C)兩燈泡燒損 (D)60W 較亮。

解析 $R_{60W} = \dfrac{V^2}{P_1} = \dfrac{12100}{60} = 201.67\Omega$ ，

$R_{20W} = \dfrac{V^2}{P_2} = \dfrac{12100}{20} = 605\Omega$ ，

$\therefore$ 20W 110V 分擔電壓 165V 所以會燒損。

( )70. 1φ3W 110/220V 供電系統，配電維持負載平衡之目的為
(A)防止異常電壓發生 (B)減少線路損失
(C)改善功率因數 (D)減少負載功率。

( )71. 已知變壓器一、二次側匝數分別為 200、50 匝，如於無載時，測得二次側電壓 110V，則一次側電壓(V)為 (A)220V (B)380V (C)440V (D)600V。

解析 $\dfrac{N_1}{N_2} = \dfrac{V_1}{V_2} = \dfrac{200}{50} = \dfrac{V_1}{110}$ ， $V_1 = \dfrac{(200 \times 110)}{50} = 440V$ 。

答案 64.(D) 65.(D) 66.(C) 67.(B) 68.(C) 69.(B) 70.(B) 71.(C)

( )72. 工廠內有低壓電動機五台，其中最大一台的額定電流值為 40A，餘四台的額定電流值合計為 50A，選用幹線之安培容量為

(A)90A (B)100A (C)110A (D)130A。

解析 幹線安培容量 = 最大一台額定電流值×1.25 倍+其他額定電流合

= 40×1.25+50 = 100A。

( )73. 比流器二次側短路時，其一次側電流值

(A)增大 (B)減少 (C)不變 (D)不一定。

( )74. 進屋線為單相三線式，計得負載大於 10kW 或分路在六分路以上者，其接戶開關額定值應不低於多少安培？ (A)30A (B)50A (C)60A (D)75A。

解析 依電工法規第 31 條規定，不得低於 50A(安培)。

( )75. 於電力工程，分路過電流保護器須通過電動機啟動電流，其額定電流值應視啟動情形而定，通常以不超過電動機全載電流多少倍為原則？

(A)1.25 倍 (B)1.5 倍 (C)2 倍 (D)2.5 倍。

解析 依電工法規第 159 條規定，不超過電動機全載電流 2.5 倍。

( )76. 供應電燈、電力、電熱之低壓分路，其電壓降不得超過分路標稱電壓百分之多少？ (A)2% (B)3% (C)5% (D)10%。

解析 依電工法規第 9 條規定，電壓降不得超過分路標稱電壓 5%。

( )77. 用電設備容量在 20 kW 以上之用戶用電平均功率不足百分八十時，每低百分一，該月電價增收千分之多少？ (A)1 (B)1.5 (C)2 (D)3。

( )78. 指針型三用電表量測電阻前，須做零歐姆調整，其目的是補償

(A)測試棒電阻 (B)電池老化 (C)指針靈敏度 (D)接觸電阻。

( )79. 電容器額定電壓在 600V 以下，其放電電阻應能於線路開放後一分鐘將殘餘電荷降至多少伏特以下？ (A)30V (B)50V (C)60V (D)80V。

解析 依電工法規規定，1 min 後降到 50V 以下。

( )80. 變比(PT、CT)器二次側引線之接地應按

(A)特種 (B)第一種 (C)第二種 (D)第三種 接地工程施工。

( )81. 變比(PT、CT)器二次側引線之接地應採用最小線徑為

(A)3.5 mm^2 (B)5.5 mm^2 (C)8 mm^2 (D)14 mm^2。

答案 72.(B) 73.(C) 74.(B) 75.(D) 76.(C) 77.(D) 78.(B) 79.(B) 80.(D) 81.(B)

( )82. 屋內線路屬於被接地導線之再行接地是何種接地方式？
(A)設備接地 (B)內線系統接地
(C)低壓電源系統接地 (D)設備與系統共同接地。

( )83. 電動機外殼接地之目的是防止電動機
(A)過載 (B)造成人、畜感電事故 (C)過熱 (D)啟動時 ，造成電壓閃動。

( )84. 電動機如端電壓下降 10%，則其轉矩
(A)下降 10% (B)增加 10% (C)下降 19% (D)增加 19%。

解析 轉矩與電源電壓平方成正比，$T = (1-0.1)^2 = (0.9)^2 = 0.81$，
$1 - 0.81 = 0.19 = 19\%$，減少 19%。

( )85. 低壓電動機以全壓啟動時，其啟動電流為 120A，若採 Y－△降壓啟動，則
其啟動電流(A)約為 (A)75A (B)30A (C)40A (D)60A。

解析 Y－△ 降壓啟動時為全壓啟動電流 $\frac{1}{3}$ 倍，$120A \times \frac{1}{3} = 40A$。

( )86. 以 3ϕ 220V 供電用戶，電動機容量超過 15 馬力時，其啟動電流必須限制在
額定電流多少倍以下？ (A)2 倍 (B)2.5 倍 (C)3.5 倍 (D)5 倍。

解析 依電工法規 162 條規定，限制在 3.5 倍以下。

( )87. 電動機銘牌所標註之電流值係指
(A)滿載 (B)無載 (C)堵轉 (D)啟動 電流。

( )88. 依台電公司現行電價，夏月電價計費是指每年
(A)5 月 1 日至 8 月 31 日 (B)6 月 1 日至 9 月 30 日
(C)7 月 1 日至 8 月 31 日 (D)6 月 1 日至 10 月 31 日。

( )89. 申請低壓電力用電，其契約容量(kW)不得高於？
(A)50 kW (B)100 kW (C)30 kW (D)20 kW。

二、複選題

( )90. 下列哪些方式可使單相分相式電動機反轉？
(A)同時改變運轉繞組及啟動繞組的接線方向 (B)僅改變運轉繞組的接線
方向 (C)僅改變啟動繞組的接線方向 (D)改變電源兩條線。

答案 82.(B) 83.(B) 84.(C) 85.(C) 86.(C) 87.(A) 88.(B) 89.(B) 90.(BC)

( )91. 有關啓動電容器之敘述下列哪些有誤？
(A)使用油浸式紙質電容　　　　　(B)電容值較運轉電容大
(C)耐電值較運轉電容大　　　　　(D)可降低啓動電流值。

( )92. 3E 電驛可做下列哪些電路故障保護元件使用？
(A)過載　(B)短路　(C)欠相　(D)逆相。

( )93. 有關標準電動機分路，應包含
(A)分段開關　(B)過電流保護器　(C)操作器　(D)過載保護器。

( )94. 分路過電流保護器可用於保護下列哪些短路故障？
(A)分路配線　(B)操作器　(C)電動機　(D)幹線。

( )95. 變壓器之一次側電壓爲V_1，一次側電流爲I_1，一次側匝數爲N_1；二次側電壓爲V_2，二次側電流爲I_2，二次側匝數爲N_2，於理想狀況，下列公式哪些爲正確？
(A)$\dfrac{V_1}{V_2}=\dfrac{I_1}{I_2}$　(B)$\dfrac{V_1}{V_2}=\dfrac{N_1}{N_2}$　(C)$\dfrac{I_1}{I_2}=\dfrac{N_1}{N_2}$　(D)$\dfrac{I_1}{I_2}=\dfrac{N_2}{N_1}$ 。

解析　$\dfrac{V_1}{V_2}=\dfrac{N_1}{N_2}=\dfrac{I_2}{I_1}$ 。

( )96. 有關低壓電力用電，下列敘述哪些正確？
(A)只適用生產性質用電場所
(B)同供電區不可再有電燈用電
(C)契約容量最高到 500 kW
(D)以單相二線式 220V、單相三線 110/220V、三相三線式 220 或 380V、三相四線式 220/380V 供電。

( )97. 有關1ϕ3W 110/220V 供電，下列敘述哪些爲正確？
(A)電壓降爲1ϕ2W 110V 的$\dfrac{1}{4}$　　　(B)中性線不可安裝保險絲
(C)負載平衡時中性電流值爲零　　　(D)電力損失爲1ϕ2W 110V 的$\dfrac{1}{2}$ 。

解析　1ϕ2W 110V 之電力損失爲1ϕ3W 110/220V 的 4 倍，
∴1ϕ3W 110/220V 之電力損失爲1ϕ2W 110V 的$\dfrac{1}{4}$倍。

答案　91.(AC)　92.(ACD)　93.(ABCD)　94.(ABC)　95.(BD)　96.(BD)　97.(ABC)

( )98. 有關過電流保護器，下列敘述哪些錯誤？
(A)幹線過電流保護器不能保護分路導線
(B)每一非接地導線應裝設電流保護器
(C)三相三線式供應三相負載可使用單極斷路器
(D)積熱型熔斷器得做導線短路保護用。

( )99. 下列敘述哪些正確？
(A)接地線使用綠色絕緣導線
(B)被接地導線應用白色絕緣導線
(C)接地引線連接點應加銲接
(D)被接地導線應串接過電流保護器。

( )100. 分路過電流保護器可用於保護電動機的哪些故障？
(A)過電流　(B)短路　(C)接地　(D)逆相。

( )101. 有關運轉電容器，下列敘述哪些正確？
(A)使用油浸式紙質電容　　　　　　(B)電容值較啟動電容大
(C)耐電值較啟動電容大　　　　　　(D)可提高功率因數。

( )102. 有關比壓器，下列敘述哪些正確？
(A)是一種降壓變壓器　　　　　　　(B)二次側額定電壓 220V
(C)二次側不可短路　　　　　　　　(D)二次側不可開路。

( )103. 下列敘述哪些正確？
(A)電壓切換開關接點應先開後閉　　(B)電壓切換開關接點應先閉後開
(C)電流切換開關接點應先開後閉　　(D)電流切換開關接點應先閉後開。

( )104. 電動機 Y－△降壓啟動，在啟動時，下列敘述哪些正確？
(A)相電壓為額定電壓 $\dfrac{1}{\sqrt{3}}$　　　　　(B)線電流為全壓啟動電流之 $\dfrac{1}{\sqrt{3}}$
(C)相電壓為額定電壓 $\dfrac{1}{3}$　　　　　　(D)線電流為全壓啟動電流之 $\dfrac{1}{3}$。

解析 (A)$V_P = \dfrac{V_L}{\sqrt{3}}$ ，(D)降壓啟動電流 ＝ 全壓啟動電流$\times\dfrac{1}{3}$。

答案 98.(ACD)　99.(ABC)　100.(ABC)　101.(ACD)　102.(AC)　103.(AD)　104.(AD)

( )105. 有關電流表，下列敘述哪些正確？

(A)應與負載串聯

(B)與電壓表相較其內阻值較低

(C)與低電阻器並聯後可擴大量測範圍

(D)與低電阻器串聯後可擴大量測範圍。

( )106. 有關三相鼠籠式感應電動機，下列敘述哪些正確？

(A)改變外加電源頻率可改變轉速　　(B)改變外加電源相序可改變轉向

(C)正、逆轉額定輸出功率相等　　　(D)啓動電流爲全載額定電流的三倍。

( )107. 有關電壓表，下列敘述哪些正確？

(A)應與負載串聯量測

(B)與電流表相較其內阻值高

(C)與高電阻器串聯後可擴大量測範圍

(D)與低電阻器並聯後可擴大量測範圍。

( )108. 有關接地線工程，下列敘述哪些正確？

(A)接地引線不應加裝保護設備

(B)接地管、棒應塗漆，以防腐蝕

(C)可採多管、板並接，以有效降低接地電阻

(D)人易觸及場所應以金屬管、板掩蔽。

( )109. 下列哪些處所依配線裝置規則應裝置漏電斷路器？

(A)臨時用電　　　　　　　　　　　(B)電熱水器分路

(C)乾燥處所之 110V 電燈分路　　　(D)浴室插座分路。

( )110. 有關比流器，下列敘述哪些錯誤？

(A)是一種降壓變壓器　　　　　　　(B)二次側額定電流 5A

(C)使用時，二次側不可短路　　　　(D)使用時，二次側不可開路。

( )111. 下列哪些電氣元件之使用有極性限制？

(A)電晶體　(B)電容器　(C)電阻器　(D)變壓器。

( )112. 下列哪些是螺旋式冰水主機系統運轉必要保護元件？

(A)逆相保護電驛　(B)油壓差開關　(C)低壓開關　(D)防凍開關。

答 案　105.(ABC)　106.(ABC)　107.(BC)　108.(AC)　109.(ABD)　110.(AC)　111.(ABD)

112.(ACD)

( )113. 下列哪些是往復式冰水主機系統運轉必要保護元件？
(A)逆相保護電驛　(B)油壓差開關　(C)低壓開關　(D)防凍開關。

( )114. 有關導線並聯使用，下列敘述哪些正確？
(A)長度應相同　　　　　　　　(B)導體材質應相同
(C)相同施工法　　　　　　　　(D)線徑大於 100 平方公厘。

( )115. 目前台電公司低壓表燈供電方式，電壓有
(A)1ϕ3W 110/220V　　　　　　(B)3ϕ3W 220V
(C)3ϕ4W 120/208V　　　　　　(D)3ϕ4W 220/380V。

( )116. 下列哪些處所屬第三種接地？
(A)低壓電源系統接地　　　　　(B)支持低壓用電設備金屬接地
(C)內線系統接地　　　　　　　(D)高壓用電設備接地。

( )117. 有關壓接端子之壓接處理，下列敘述哪些正確？
(A)壓接端子 8−5Y 是指可用於 8 平方公厘絞線
(B)可以使用鋼絲鉗作壓接工具
(C)要用合適之壓接鉗來壓接端子
(D)端子之壓接面有所區分。

( )118. 有關單相感應電動機，下列敘述哪些錯誤？
(A)雙值電容式電動機常用於需要變速、低功因場合
(B)雙值電容式電動機永久運轉電容器電容量較啓動電容小
(C)蔽極式電動機蔽極線圈產生磁通較主線圈滯後
(D)蔽極式電動機啓動轉矩較電容啓動式大。

( )119. 有關表燈電價用電，下列敘述哪些正確？
(A)適用住宅及非生產性質用電場所
(B)同供電區不可再有電力用電
(C)契約容量最高到 100kW
(D)以單相二線式 110 或 220V，單相三線式 110/220V，三相三線式 220V 或
三相四線式 220/380V 供電。

答案 113.(BCD)　114.(ABC)　115.(ABD)　116.(BC)　117.(ACD)　118.(AD)　119.(ABCD)

工作項目 06：試車調整

一、單選題

( ) 1. 冷卻水污垢係數增加時，則壓縮機消耗功率
(A)增加　(B)減少　(C)增減不定　(D)視壓縮機型式而定。

( ) 2. 感溫式膨脹閥之主要功能是？
(A)調節冷媒蒸發溫度　　　　　　(B)維持系統過熱度
(C)調節冷媒吐出溫度　　　　　　(D)維持系統過冷度。

( ) 3. 冷凍系統正常運轉時，壓縮機之冷媒排氣溫度較冷凝溫度
(A)高　(B)低　(C)相同　(D)不一定。

( ) 4. 蒸發器之蒸發壓力不變，感溫式膨脹閥之感溫筒溫度上升時，開度會？
(A)減少　(B)增加　(C)不變　(D)不一定。

( ) 5. 往復式壓縮機之淨油壓是指
(A)油泵之吐出壓力　　　　　　(B)高壓與低壓之差
(C)油泵吐出壓力與低壓之差　　　(D)油泵吐出壓力與高壓之差。

( ) 6. 水管內流速增加一倍時，其阻力將為原來之
(A)1 倍　(B)2 倍　(C)3 倍　(D)4 倍。

( ) 7. 能源消耗因數(EF)係用來表示
(A)電冰箱　(B)窗型空調機　(C)分離式冷氣機　(D)除濕機　能源效率。

> **解析** 冰箱 EF 值愈高愈省電。

( ) 8. 冰水機之防凍開關感測棒應裝置在
(A)冰水器之回水管上　　　　　　(B)冰水器之出水管上
(C)壓縮機之吸氣管上　　　　　　(D)壓縮機液體管上。

( ) 9. 空調箱其溫度開關之感溫器(Sensor)應裝置在
(A)回水管　(B)進水管　(C)回風管或室內　(D)出風管。

答案 1.(A)　2.(B)　3.(A)　4.(B)　5.(C)　6.(D)　7.(A)　8.(B)　9.(C)

( )10. 往復式冰水主機外部卸載用溫度開關之感溫器應裝在
(A)冰水器之出水管上　　　　　　(B)冰水器之進水管上
(C)壓縮機之吸氣管上　　　　　　(D)壓縮機液體管上。

( )11. 假設一冰水機組，其設計之回水溫度為 12℃，防凍開關裝於出水端，則其
設定值應不低於(℃)　(A)12℃　(B)7℃　(C)5℃　(D)2℃。

( )12. 冰水機組之感溫式膨脹閥，其感溫筒棒應裝置於
(A)冰水器出水管上　(B)蒸發器出口　(C)膨脹閥出口　(D)蒸發器入口。

( )13. 流量開關(Flow Switch)一般應裝於
(A)冰水管上　(B)冷媒回流管上　(C)補給水管　(D)空調箱進水管。

( )14. 皮氏管(Pitot Tube)之量測開口面向空氣流上游方向(Up-Stream)所感受之壓
力為　(A)流速壓力　(B)靜壓　(C)總壓　(D)差壓。

解析

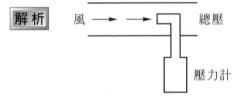

( )15. 若窗型空調機選擇開關在送風位置時，其壓縮機
(A)照常運轉　(B)停止運轉　(C)送風馬達停止　(D)全部停止。

( )16. 在冷凍負荷計算中，電動機的熱負荷屬於：
(A)顯熱量　(B)潛熱量　(C)焓值　(D)比熱。

( )17. 選用毛細管不考慮之條件為
(A)冷媒流量　(B)系統高壓壓力　(C)系統低壓壓力　(D)回流管過熱度。

( )18. 水流量 10 GPM 等於　(A)38 LPM　(B)20 L/s　(C)23 kg/s　(D)40 L/m。

解析　1 加侖 = 3.8 公升，水流量 10 GPM = 38 LPM。

( )19. 水冷式、氣冷式兩種箱型空調機，下列何種保護開關設定值是不相同的？
(A)高壓開關　(B)過熱保護器　(C)油壓開關　(D)低壓開關。

( )20. 使用 R-22 冷媒之氣冷式箱型空調機，其高壓開關壓力之設定值(kgf/cm^2)，
大約是　(A)19 kgf/cm^2　(B)22 kgf/cm^2　(C)28 kgf/cm^2　(D)16 kgf/cm^2。

答案　10.(B)　11.(D)　12.(B)　13.(A)　14.(C)　15.(B)　16.(A)　17.(D)　18.(A)　19.(A)
20.(C)

( )21. 以 R-22 為冷媒之空調冰水主機低壓壓力開關之設定值(kgf/cm²)，一般係設定為 (A)1 kgf/cm² (B)7 kgf/cm² (C)5 kgf/cm² (D)3 kgf/cm²。

( )22. 下列何者非冰水主機卸載機構的功用？
(A)減少啟動時之動力 (B)調節容量變化
(C)避免馬達啟動頻繁 (D)維持一定的低壓壓力。

( )23. 冷凍循環系統，當高壓壓力一定，而低壓壓力降低，則其冷凍能力
(A)昇高 (B)不變 (C)降低 (D)不一定。

( )24. 冷凍循環系統，當冷媒不足時，下列何種控制器會使壓縮機停止？
(A)高壓開關 (B)溫度控制器 (C)過載保護器 (D)低壓開關。

( )25. 油壓開關之動作原理是低於下列何者項目之設定值？
(A)油壓錶壓力 (B)油壓錶壓力與低壓壓力之和
(C)油壓錶壓力與低壓壓力之差 (D)高壓壓力與低壓壓力之差。

( )26. 當冷氣出風口之有效出風面積為 2.5 m²，出風量為 200 CMM，則其出風口風速(m/min)為
(A)80 m/min (B)100 m/min (C)200 m/min (D)500 m/min。

解析 出風口風速 $v = \dfrac{Q}{A} = \dfrac{200\,\text{m}^3/\text{min}}{2.5\,\text{m}^2} = 80\,\text{m/min}$。

( )27. 冷凝器選用可熔栓安全閥時，其熔點溫度按規定應
(A)低
(B)高
(C)相等
(D)無關 於高壓保護開關跳脫壓力之飽和溫度，以確保安全。

( )28. 巴士空調機(Bus Cooler)主要的動力來源為
(A)電動機 (B)引擎 (C)電瓶 (D)發電機。

( )29. 當空氣中之濕球溫度與乾球溫度相同時，則其相對濕度為
(A)0% (B)50% (C)75% (D)100%。

答案 21.(D) 22.(D) 23.(C) 24.(D) 25.(C) 26.(A) 27.(B) 28.(B) 29.(D)

( )30. 有一冰水機組，將 72 L/min 之水由 11℃降溫至 6℃，其冷媒冷凍效果為 40 kcal/kg，則理論上冷媒循環量(kg/hr)為

(A)9 kg/hr　(B)200 kg/hr　(C)360 kg/hr　(D)540 kg/hr。

解析 $H = m \cdot s \cdot \triangle t = 72\,\text{L/min} \times 60\,\text{min} \times 1\,\text{kcal/kg}°\text{C} \times (11-6)°\text{C} = 21600\,\text{kcal/hr}$ ，

冷媒循環量 $= \dfrac{21600}{40} = 540\,\text{kg/hr}$ 。

( )31. 所謂過熱(SuperHeated)及過冷(Subcooling)現象，是屬於

(A)潛熱變化　(B)顯熱變化　(C)昇華變化　(D)相態變化。

( )32. 多聯變頻冷氣機在輕負載時，卸載之方式一般為

(A)熱氣旁通　(B)頂開排氣閥　(C)啟停(ON-OFF)方式　(D)改變冷媒流量。

( )33. 下列何者不影響人體之舒適主要因素？

(A)空氣流速與噪音　　　　　(B)溫度與濕度

(C)空氣品質與換氣量　　　　(D)空間位置。

( )34. 10 HP 三相感應馬達若採用 Y－△起動方式，其延時繼電器一般設定值約為

(A)$\dfrac{1}{10}$ 秒　(B)1 秒　(C)4 秒　(D)15 秒。

( )35. 恆溫恆濕空調箱之濕度控制係採用下列何項來感測控制？

(A)乾球溫度開關　　　　　　(B)濕球溫度開關

(C)相對濕度開關　　　　　　(D)絕對濕度開關。

( )36. 氣冷式箱型空調機主要之散熱方式為

(A)自然冷卻　(B)噴水冷卻　(C)蒸發式冷卻　(D)空氣強制冷卻。

( )37. 為確保冰水流量平衡，尤其在高壓降與低壓降的冰水盤管在同一系統時，應裝置？　(A)關斷閥　(B)平衡閥　(C)三通閥　(D)二通閥。

( )38. 冷凍系統維持過熱度是為了

(A)保護壓縮機防止液壓縮　　(B)增加壓縮機的效率

(C)減小冷媒的充填量　　　　(D)增加系統的性能係數。

( )39. 冷凍系統過熱度太大時，則

(A)曲軸箱冷凍油黏度增加　　(B)排氣溫度上升

(C)蒸發器負荷增加　　　　　(D)冷媒比容變小。

答案 30.(D)　31.(B)　32.(D)　33.(D)　34.(C)　35.(C)　36.(D)　37.(B)　38.(A)　39.(B)

( )40. 往復式壓縮機之外部卸載裝置在卸載時，是
(A)頂開低壓閥片 　　　　　　(B)頂開高壓閥片
(C)壓住閥片座吸入口 　　　　　(D)壓住閥片座吐出口。

( )41. 往復式壓縮機外部卸載裝置無法加載，其可能的原因為
(A)溫度開關故障 　　　　　　　(B)高壓壓力太高
(C)低壓壓力太高 　　　　　　　(D)油壓壓力開關故障。

( )42. 往復式壓縮機外部卸載裝置之是裝置何項元件控制？
(A)油壓壓力開關 　(B)開關閥 　(C)電磁閥 　(D)四方閥。

> 解析 在壓縮機外部裝置電磁閥，打開低壓入口閥作卸載動作。

( )43. 若壓縮機吐出管溫度為 60℃，飽和冷凝溫度為 40℃，液管出口溫為 36℃ 則
其過冷度(℃)為 　(A)4℃ 　(B)16℃ 　(C)20℃ 　(D)24℃。

> 解析 過冷度 ＝ 40℃ − 36℃ = 4℃。

( )44. 若冷媒液管過冷度為 3℃，蒸發器之飽和蒸發溫度為 2℃，在蒸發器之出口
溫度為 6℃，則其過熱度(℃)為 　(A)2℃ 　(B)3℃ 　(C)4℃ 　(D)6℃。

> 解析 過熱度 ＝ 6℃ − 2℃ = 4℃。

( )45. 使用感溫式膨脹閥之冷媒循環系統，若冷媒量充填過量則會
(A)過冷度變大 　(B)過冷度變小 　(C)過熱度變大 　(D)過熱度變小。

( )46. 使用感溫式膨脹閥之冷媒循環系統，若冷媒量充填過少則會
(A)過冷度變大 　(B)過冷度不變 　(C)過熱度變大 　(D)過熱度不變。

( )47. 使用感溫式膨脹閥之冷媒循環系統若發生液壓縮，其可能的原因為
(A)冷媒充填過量 　　　　　　　(B)冷媒充填量過少
(C)壓縮機卸載 　　　　　　　　(D)膨脹閥感溫筒漏氣。

( )48. 冷卻水塔內灑水桿不旋轉，會使冷卻水塔之冷卻能力
(A)降低 　(B)增大 　(C)不變 　(D)失效。

( )49. 濕球溫度一定，但乾球溫度明顯上升，會使氣冷式冷凝器之容量
(A)降低 　(B)增大 　(C)不變 　(D)失效。

答案 40.(D) 41.(A) 42.(C) 43.(A) 44.(C) 45.(A) 46.(C) 47.(D) 48.(A) 49.(A)

( )50. 1 μm Hg 相當於 (A)1" Hg (B)0.1" Hg (C)0.01 mmHg (D)0.001 mmHg。

解析 $\mu = 10^{-6}$，$m = 10^{-3}$，1μm Hg = 0.001mm Hg。

( )51. 在一冷媒循環系統中，過冷液體是出現在
(A)壓縮機出口 (B)冷凝器出口 (C)膨脹閥出口 (D)蒸發器出口。

( )52. 在一冷媒循環系統中，過熱氣體是出現在
(A)壓縮機入口 (B)冷凝器出口 (C)膨脹閥入口 (D)蒸發器入口。

( )53. R-134a 之冷凍機冷凝溫度為 40℃，蒸發溫度為 −10℃，此冷凍機之 COP 不可能超過 (A)4.15 (B)4.70 (C)4.95 (D)5.26。

解析 $COP = \dfrac{T_L}{T_H - T_L} = \dfrac{273 - 10}{(273 + 40) - (273 - 10)} = \dfrac{263}{50} = 5.26$，

COP：冷凍機的性能係數

( )54. R-134a 冷媒循環系統之壓縮機功率為 1 HP(0.746 kW)，冷凝溫度為 40℃，蒸發溫度為 –10℃，則最大的冷凍能力(kW)為
(A)2.38 kW (B)2.53 kW (C)3.47 kW (D)3.92 kW。

解析 $COP = 5.26$，則最大冷凍能力 $= 0.746\text{kW} \times 5.26 = 3.92\text{kW}$。

( )55. 實際蒸氣壓縮冷凍循環系統在冷凝器出口處，冷媒溫度及壓力比理想狀況
(A)溫降、壓降 (B)溫升、壓降 (C)溫降、壓升 (D)溫升、壓升。

( )56. 冷凍負荷 200 kW，欲使冰水維持在 7℃進，12℃出，則所需的冰水流量(L/s)為 (A)9.55 L/s (B)20 L/s (C)23.87 L/s (D)40 L/s。

解析 冷凍負荷 $= 200 \times 860\,\text{kcal/hr} = 172000\,\text{kcal/hr}$，$H = m \cdot s \cdot \Delta t$，
$s = 1\text{kcal/kg}°C$，$m = H/s \cdot \Delta t = 172000/1 \times 3600 \times (12 - 7) = 9.55\text{L/s}$。

( )57. 下列何段管路溫度最低？
(A)高壓液管 (B)膨脹閥至蒸發間之液管 (C)回流管 (D)吐出管。

( )58. 下列何者非熱氣旁通的目的？
(A)蒸發器除霜　　　　　　　　　(B)防止吸氣壓力過低
(C)控制冷媒蒸發溫度　　　　　　(D)防止液態冷媒進入壓縮機。

( )59. 氣冷式的往復式冰水主機在運轉中，過熱度及過冷度同時增加其可能原因為 (A)冷媒洩漏 (B)負荷增加 (C)負荷減少 (D)膨脹閥半堵。

答案 50.(D) 51.(B) 52.(A) 53.(D) 54.(D) 55.(A) 56.(A) 57.(B) 58.(C) 59.(D)

( )60. 變頻器主要功能是
(A)同時控制交流電壓與頻率 　　　(B)同時控制直流電壓與頻率
(C)僅控制電壓 　　　(D)僅控制頻率。

( )61. 理論上電動機之耗電量與轉速
(A)開根號成正比 　　　(B)一次方成正比
(C)二次方成正比 　　　(D)三次方成正比。

( )62. R-410A 冷媒之氣冷式箱型空調機，其高壓開關壓力(kgf/cm^2)設定值，大約
是 (A)19 kgf/cm^2 (B)22 kgf/cm^2 (C)40 kgf/cm^2 (D)30 kgf/cm^2。

解析 R-410A：高壓開關認定值 40 kgf/cm^2，R-22A：高壓開關認定值 27 kgf/cm^2。

( )63. 螺旋式冰水主機壓縮機失油
(A)過冷度太大 　　　(B)系統冷媒流速設計不足
(C)高壓壓力太高 　　　(D)低壓壓力太高。

( )64. 滿液式螺旋冰水主機高壓壓力開關之設定值，相當於冷媒冷凝溫度多少(℃)
跳脫？ (A)20℃ (B)30℃ (C)40℃ (D)50℃。

( )65. 低壓保護開關設定切入壓力 45 psig，壓差 5 psig 即指下列何者情形跳脫？
(A)低壓壓力高於 45 psig 　　　(B)低壓壓力低於 45 psig
(C)低壓壓力低於 40 psig 　　　(D)低壓壓力高於 45 psig。

( )66. 有關 R-134a 螺旋式冰水主機保護開關，下列何者設定錯誤？
(A)高壓 185 psig 　　　(B)低壓 23 psig
(C)冰水溫度開關 8℃ 　　　(D)防凍開關 5℃。

( )67. 水流量 10 GPM 等於 (A)38 LPM (B)20 L/s (C)23 kg/s (D) 40L/m。

解析 1 加侖 = 3.8 公斤，10 GPM = 38 LPM。

( )68. 空調箱冰水盤管滿載進出水溫差一般約為
(A)2℃ (B)5℃ (C)8℃ (D)11℃。

( )69. (本題刪題)使用 R-410A 冷媒之水冷式箱型空調機，其高壓開關壓力設定
值，大約是 (A)19 (B)22 (C)30 (D)40 kg/cm^2。

答案 60.(A) 61.(D) 62.(C) 63.(B) 64.(D) 65.(C) 66.(D) 67.(A) 68.(B) 69.(D)

( )70. 商用箱型空調機每一冷凍噸送風量約為
(A)4～6 CMM　(B)8～10 CMM　(C)12～14 CMM　(D)16～18 CMM。

( )71. 感應式電動機堵轉電流(LOCKED-ROTOR AMPERAGE)為滿載運轉電流
(FULL LOAD AMPERAGE)的幾倍
(A)1.15 倍　(B)1.2 倍　(C)2.5 倍　(D)5 倍。

解析 堵轉電流為滿載電流 5 倍，求得電動機銅損及漏磁電抗。

( )72. R-134a 直膨式螺旋冰水主機，運轉過熱度(℃)最佳範圍在
(A)3～5℃　(B)5～10℃　(C)8～12℃　(D)12～15℃。

( )73. 螺旋式冰水主機壓縮機馬達線圈保護跳脫溫度(℃)？
(A)50℃　(B)90℃　(C)110℃　(D)130℃。

( )74. 螺旋式冰水主機排氣高溫保護跳脫溫度(℃)？
(A)70℃　(B)90℃　(C)110℃　(D)130℃。

( )75. R-134a 為冷媒之空調冰水主機低壓開關之切出設定值(kgf/cm^2)，一般係設
定為　(A)1 kgf/cm^2　(B)3 kgf/cm^2　(C)5 kgf/cm^2　(D)7 kgf/cm^2。

( )76. 依據 CNS 水冷式箱型空調機之冷氣能力量測，下列何者非條件之一
(A)吸入空氣乾球溫度 27℃ DB　　　　(B)吸入空氣濕球溫度 25℃ WB
(C)冷卻水入口溫度 30℃　　　　　　　(D)冷卻水出口溫度 35℃。

( )77. 螺旋式壓縮機之油壓是指
(A)高壓壓力　　　　　　　　　　　　(B)高壓與低壓之差
(C)油泵吐出壓力與低壓之差　　　　　(D)油泵吐出壓力與高壓之差。

( )78. 風量為 200 CMM 等於？
(A)80 CMH　(B)100 L/S　(C)568 CFM　(D)117 CFS。

解析 $200\,m^3/min/60\,min = 3.33\,CMS$，$1ft = 0.3048m$，$1ft^3 = 0.02832m^3$，
$3.33/0.02832 = 117\,ft^3/s = 117CFS$。

( )79. 內均壓式與外均壓式感溫式膨脹閥之選擇是依
(A)冷媒種類　(B)冷媒蒸發溫度　(C)製冷能力　(D)蒸發器之壓降。

答案 70.(B)　71.(D)　72.(B)　73.(D)　74.(C)　75.(A)　76.(B)　77.(A)　78.(D)　79.(D)

( )80. 水冷式冷凝器過冷度(℃)通常設計約為
(A)3～5℃　(B)5～7℃　(C)7～9℃　(D)9～11℃。

( )81. 欲測量 40 至 60 m/s 之風速，宜採用
(A)熱敏式探頭　(B)葉輪式探頭　(C)皮托管　(D)感應式　得到最佳結果。

( )82. 冷媒 R-134a 氣冷式螺旋冰水主機高壓壓力開關設定值(MPa)
(A)1.8　(B)2.3　(C)1.6　(D)1.0。

( )83. 冷媒 R-134a 氣冷式螺旋冰水主機低壓壓力開關，設定值(MPa)
(A)0.32　(B)0.12　(C)0.42　(D)0.62。

( )84. 在理想的冷媒循環系統通過降壓裝置時，冷媒前後的焓值
(A)相等　(B)減少　(C)增加　(D)先增加後減少。

( )85. 為考量減少選用壓縮機排氣量時，下列何者係有關冷媒敘述為較大者？
(A)單位比體積製冷量　　　　　　(B)單位質量製冷量
(C)單位冷凝熱負荷　　　　　　　(D)單位耗能。

( )86. 醫院手術房空調系統應採用
(A)混合式　(B)直流式　(C)閉式　(D)回風式。

( )87. 盤管式蒸發器之冷媒溫度與庫內溫度之差值(℃)，一般約為
(A)4～6℃　(B)2～4℃　(C)5～10℃　(D)10～15℃。

( )88. 商用冷氣設備一般維持室內空氣相對濕度(%)為
(A)20～40%　(B)40～60%　(C)60～80%　(D)30～50%。

( )89. 食品開始形成冰結的溫度稱
(A)品溫　(B)凍結點　(C)共晶點　(D)凍結率。

( )90. 物體熱量增加減少對物體溫度無影響稱為？
(A)顯熱　(B)潛熱　(C)比熱　(D)呼吸熱。

( )91. 一台冷凍機有 3.5 kW 之冷凍能力，此台冷凍機在 12 小時所去除之熱量(kcal)
為　(A)79680 kcal　(B)36120 kcal　(C)13280 kcal　(D)6640 kcal。

解析　$1kW = 860 kcal/hr$，$3.5 \times 860 \times 12 = 36120 kcal$。

( )92. 調氣貯藏法即氧的含量(%)約為　(A)20%　(B)10%　(C)5%　(D)30%。

答案　80.(A)　81.(C)　82.(C)　83.(B)　84.(A)　85.(A)　86.(B)　87.(D)　88.(B)　89.(B)

90.(B)　91.(B)　92.(A)

( )93. 最大冰晶生成帶指食品冰結率在溫度(−1～−5℃)之範圍內有多少的水分結冰(%)？ (A)100% (B)80% (C)20% (D)0%。

( )94. 冷媒循環系統−60℃以下蒸發溫度宜使用

(A)R-600a (B)R-290 (C)R-1270 (D)R-170。

二、複選題

( )95. 影響壓縮機馬達絕緣電阻測量值的因素有

(A)溫度 (B)濕度 (C)測量電壓 (D)量測電流。

( )96. 螺旋式冰水主機壓縮機馬達線圈保護開關作動

(A)低壓側入口過熱度過低 　　　(B)高壓壓力過高

(C)元件或電路不良或故障 　　　(D)馬達線圈溫升過高。

( )97. 下列哪些是冷媒循環系統抽真空注意事項？

(A)儘可能使用大口徑接管抽真空 　　(B)高低壓兩側同時抽真空

(C)儘可能降低週邊溫度 　　　　　　(D)不得測量馬達絕緣。

( )98. 水系統平衡前之應準備事項，下列敘述哪些正確？

(A)將水系統所有手動關斷閥打開至全開位置

(B)全部過濾器並予清潔

(C)檢查泵轉向

(D)排出管內空氣。

( )99. 依依據 CNS 氣冷式箱型空調機之冷氣能力量測，下列哪些條件錯誤？

(A)室內吸入空氣乾球溫度 27℃ 　　(B)濕球溫度 25℃

(C)室外吸入空氣乾球溫度 35℃ 　　(D)室外出風空氣乾球溫度 55℃。

( )100. 當送風系統之送風量大於需求量，一般可用下列哪些方法調降風量？

(A)調整進氣風門 　　　　　　(B)調整排氣風門

(C)調整變頻器 　　　　　　　(D)改變皮帶輪大小。

( )101. 下列哪些是螺旋式冰水主機無法啟動的可能原因？

(A)冷媒壓力過低 (B)欠相 (C)逆相 (D)再次啟動時間設定錯誤。

( )102. 下列哪些是螺旋式冰水主機吐出管溫度過高的可能原因？

(A)過冷度太大 (B)高壓壓力過高 (C)失油 (D)軸承損壞。

答　案						
93.(B)	94.(D)	95.(ABC)	96.(BCD)	97.(ABD)	98.(BCD)	99.(BD)
100.(ACD)	101.(ABC)	102.(BCD)				

( )103. 下列哪些是壓縮機對冷凍油的要求？
(A)與冷媒混合時，能夠保持足夠的黏度
(B)具有較高的凝固點
(C)閃點要高
(D)高絕緣電阻值要大。

( )104. 商業冷凍冷藏櫃具節能技術，包含
(A)防汗電熱控制　(B)除霜控制　(C)減少隔熱保溫　(D)高效率照明。

( )105. 下列哪些為冰晶成長的相關因素？
(A)凍結貯藏時間　　　　　　　(B)凍結貯藏中溫度變動
(C)冷凍速度　　　　　　　　　(D)凍結物品的共晶點。

( )106. 有關 R744 冷媒，下列敘述哪些正確？
(A)臨界溫度高　(B)臨界壓力高　(C)蒸發潛熱大　(D)氣體比體積小。

解析 R744 冷媒是一種 CO_2 冷媒無毒性、無臭氧層破壞、無可燃性臨界溫度高、蒸發潛熱大、氣體比體積小等特性。

( )107. 有關碳氫冷媒特點，下列敘述哪些正確？
(A)與水不溶解　(B)對金屬會產生腐蝕　(C)無破壞臭氧層　(D)易燃。

答案 103.(ABCD)　104.(ABD)　105.(ABC)　106.(ACD)　107.(ACD)

工作項目 07：故障排除

一、單選題

( ) 1. 乾燥過濾器未完全堵塞時，過濾器出口表面不會有下列何種情形？
(A)溫降　(B)結露　(C)結霜　(D)溫升。

( ) 2. 空氣之溫度降低，若露點不變，則其相對濕度
(A)增加　(B)不變　(C)減少　(D)不一定。

( ) 3. 高壓閥片不緊閉，可能會使
(A)吸入壓力升高吐出壓力降低　　　(B)吐出壓力升高
(C)吸入壓力降低　　　　　　　　　(D)吐出壓力降低吸入壓力降低。

( ) 4. 氣冷式箱型空調機，當冷媒充灌量不足時，其冷凝器進出風之溫差會
(A)變大　(B)變小　(C)不變　(D)不一定。

( ) 5. 經過除濕後的空氣，如溫度不變，濕量減少，則焓值？
(A)減少　(B)不變　(C)增加　(D)不一定。

( ) 6. 蒸發器除霜的主要目的是？
(A)避免蒸發器凍裂　　　　　　(B)避免食物凍壞
(C)減少食物的含水量　　　　　(D)維持冷凍效果。

( ) 7. 往復式壓縮氣缸內截面積 10 cm²，衝程長 20 cm，2 缸轉速 1000 rpm，試問此壓縮機每小時之排氣量(m²/hr)為多少？
(A)24 m²/hr　(B)0.4 m²/hr　(C)0.2 m²/hr　(D)0.1 m²/hr。

解析　壓縮機排氣量 ＝ 缸內面積 × 衝程 × 缸數 × 轉速
$= 0.0001 m^2 \times 0.2 m \times 2 \times 1000 \times 60 = 24 m^2/hr$ 。

( ) 8. 箱型空調機發生系統低壓過低之現象，下列何者非其可能原因？
(A)空氣過濾網堵塞　(B)進風量過低　(C)冷媒漏　(D)冷媒量過多。

( ) 9. 判斷冰水機組之冷媒量是否不足，最快捷的方法為
(A)由液管冷媒視窗　　　　　　(B)由電流
(C)由冷卻水溫差　　　　　　　(D)由冰水溫差　判斷。

答案 1.(D)　2.(A)　3.(A)　4.(B)　5.(A)　6.(D)　7.(A)　8.(D)　9.(A)

( )10. 含有水份之乾燥器冷凍系統檢修抽眞空時，乾燥過濾器外殼呈現
(A)周圍溫度相同　(B)比周圍溫度高　(C)比周圍溫度低　(D)不一定。

( )11. 壓縮機發生潤滑不良是因爲
(A)轉數太高　(B)汽缸溫度太高　(C)低壓太高　(D)低壓太低。

( )12. 冷媒回流之過熱度增加是因爲
(A)膨脹閥開度太大　　　　(B)膨脹閥開度太小冷凍負荷增加
(C)壓縮機卸載　　　　　　(D)冷卻水減少。

( )13. 箱型空調機回流管結霜可能原因
(A)冷媒量不足　(B)冷媒量過多　(C)負荷量過多　(D)負荷量過少。

( )14. 冷卻水塔排氣呈現白霧狀時，則
(A)表示冷卻水過冷，應即關小
(B)表示冷卻水太熱，應即開大
(C)視其自然
(D)表示排氣露點溫度高於周圍空氣之乾球溫度。

( )15. 大氣乾球溫度不變，乾濕球溫差越大，冷卻水塔之散熱效果
(A)越差　(B)一樣　(C)越好　(D)不一定。

( )16. 空氣在風管內流動時其動壓爲
(A)全壓　(B)全壓減靜壓　(C)靜壓　(D)全壓加靜壓。

( )17. 相對濕度爲 100%時，乾濕球溫度計之指示爲
(A)乾球比濕球高　(B)乾球比濕球低　(C)兩者相等　(D)兩者無關。

( )18. 冰水系統如果冷媒充灌過多會使冷媒之過冷度
(A)增加　(B)不變　(C)減少　(D)時增時減。

( )19. 抽眞空時，如發生停電應立即
(A)關閉綜合壓力錶閥門，並關掉眞空泵
(B)等待電力公司供電
(C)只關掉眞空泵就可以
(D)不必理會，等再來電時讓眞空泵自動開動。

答案 10.(C) 11.(B) 12.(B) 13.(D) 14.(D) 15.(C) 16.(B) 17.(C) 18.(A) 19.(A)

( )20. 往復式冰水主機經測量得知，冷凝器的過冷度大，其可能的原因爲
(A)冷媒過多　(B)冷媒過少　(C)冷氣機卸載運轉　(D)冷卻水溫過高。

( )21. 使用感溫式膨脹閥之蒸發器，經測得過熱度太高的可能原因爲
(A)冷媒過多　(B)冷媒過少　(C)壓縮機超載運轉　(D)冰水溫度太高。

( )22. 水冷式冰水主機在多天保持下定高壓，不是常用的方法是
(A)自動調整冷卻水量　(B)以變頻方式自動改變冷卻水風扇轉速
(C)冷卻水塔風扇作 ON-OFF 控制　(D)壓力調節閥。

( )23. 冷媒在液管中發生閃蒸，下列何者非其可能的原因？
(A)過冷度過小　　　　　　　　(B)液管中之乾燥過濾器半堵
(C)出液閥未全開　　　　　　　(D)過冷度過大。

( )24. 冷凝器內銅管結冰破裂，其可能的原因爲
(A)氣溫太低　　　　　　(B)防凍開關失效
(C)低壓過低　　　　　　(D)以液態冷媒由冷凝器充填時冷卻水泵未開動。

( )25. 一般氣冷式冷凝器之表面風速(m/s)約在
(A)0.5 m/s　(B)1 m/s　(C)3 m/s　(D)10 m/s。

( )26. 系統內有不冷凝氣體存在時，則
(A)油視窗有氣泡　　　　　　　　(B)冷媒視窗有氣泡
(C)高壓壓力比冷凝溫度之飽和壓力爲高　　(D)高壓偏低。

( )27. 蒸發器除霜後壓縮機之運轉電流比結霜時爲？
(A)大　(B)小　(C)一樣　(D)不一定。

( )28. 運轉中冷凝器之出水溫度一定比冷凝器之冷凝溫度
(A)高　(B)低　(C)一樣　(D)不一定。

( )29. 下列何者非引起高壓過高之原因？
(A)冷凝器太髒　　　　　　　　(B)冷卻水量不足
(C)冷卻水塔風扇皮帶斷裂　　　　(D)冷媒量不足。

( )30. 下列何者非冰水主機引起低壓過低的原因？
(A)高壓過低　　　　　　　　(B)冷媒漏
(C)冷媒乾燥過濾器半堵塞　　　(D)系統有不凝結氣體。

答案　20.(A)　21.(B)　22.(D)　23.(D)　24.(D)　25.(C)　26.(C)　27.(A)　28.(B)　29.(D)
30.(D)

( )31. 下列何者非引起油壓過低的原因有

(A)油溫過低　(B)失油　(C)軸承磨損　(D)黏度太高。

( )32. 下列何者非引起防凍開關動作停機之原因？

(A)冰水管之過濾器半堵塞　　　　(B)冰水管內有大量空氣

(C)冰水溫度控制開關失效　　　　(D)負載過低。

( )33. 下列何者非引起密閉壓縮機馬達過熱的原因？

(A)冷媒太少　(B)膨脹閥不良　(C)開停動作太頻繁　(D)冷媒太多。

( )34. 下列何者非冰水溫度無法下降的原因？

(A)負荷過大　　　　　　　　　(B)冷媒漏

(C)卸載裝置不良，因而無法加載　(D)冷凝器散熱良好。

( )35. 空調箱如果過濾網太髒，將產生

(A)送風量不變　　　　　　　　(B)冷氣容量不變

(C)電動機電流增加　　　　　　(D)電動機電流下降。

( )36. 冰水主機當冰水溫度到達所設定卸載溫度時，壓縮機未能正常卸載運轉，可能的原因為

(A)負載過小　(B)冷媒太多　(C)油壓太高　(D)溫度開關異常。

( )37. 冷媒循環系統中，若冷媒經乾燥過濾器後溫度顯著下降，即表示

(A)乾燥過濾器太髒　(B)冷媒太多　(C)有不冷凝氣體　(D)冷媒太少。

( )38. 蒸發壓力太低的可能原因是

(A)蒸發器負載太大　　　　　　(B)膨脹閥失靈

(C)壓縮機之吸氣閥片破裂　　　(D)冷媒過多。

( )39. 冷媒充填過多會使壓縮機負載電流

(A)昇高　(B)降低　(C)不穩定　(D)不變。

( )40. 冷媒循環系統低壓太低的可能原因是

(A)冷媒過多　(B)冷媒過少　(C)系統內有空氣　(D)冷凍油不夠。

( )41. 若將冷媒循環系統中之毛細管在檢修時切短，則其過熱度會

(A)增加　(B)減少　(C)保持不變　(D)發生追逐現象。

答案 31.(D)　32.(D)　33.(D)　34.(D)　35.(D)　36.(D)　37.(A)　38.(B)　39.(A)　40.(B)

41.(B)

( )42. 一般壓縮機分為容積式與離心式兩種，螺旋式壓縮機是屬於
(A)容積式　(B)離心式　(C)介於兩者之間　(D)另一種新型式。

( )43. 蒸發器結霜很厚，除霜後系統之冷卻能力增加最主要原因為
(A)蒸發器熱阻力減少　　　　　　(B)蒸發壓力升高
(C)風量增加　　　　　　　　　　(D)蒸發壓力降低。

( )44. 使用毛細管之冷凍系統在充填冷媒時，壓縮機吸入管結霜是因為
(A)高壓低　(B)低壓低　(C)冷媒量太少　(D)冷媒量太多。

( )45. 氣冷式冷凝器之盤管之冷凝能力與下列何者有關？
(A)風速　(B)風壓　(C)風量與乾球溫度　(D)濕球溫度。

( )46. 箱型空調機裝有油加熱器之壓縮機，在使用期間停止運轉時，則
(A)應繼續通電加熱　　　　　　(B)為節省用電應切斷電源
(C)依冷媒溫度決定通電與否　　(D)依油溫決定通電與否。

( )47. 冰水機組之冷媒循環系統內有空氣時，應由
(A)壓縮機　(B)冷凝器　(C)蒸發器　(D)出液閥　排出。

( )48. 壓縮機失油主要原因可能是
(A)轉數太高　(B)冷媒太多　(C)油溫太高　(D)油溫太低。

( )49. 感溫膨脹閥之感溫筒固定不良時，將使冷媒流量
(A)減少　(B)增加　(C)不變　(D)不一定。

( )50. 膨脹閥的功能主要是在維持冷媒在蒸發器出口有一定的
(A)溫度　(B)壓力　(C)過熱度　(D)流量。

( )51. 外氣之乾球溫度不變，但濕球溫度增加時，冷卻水塔能力會
(A)增加　(B)減少　(C)不變　(D)不一定。

( )52. 往復式壓縮機之排氣量與其轉速成
(A)正比　(B)反比　(C)平方正比　(D)平方反比。

答案 42.(A)　43.(A)　44.(D)　45.(C)　46.(A)　47.(B)　48.(D)　49.(B)　50.(C)　51.(B)
52.(A)

( )53. 某冷凍機正常運轉時，高壓錶壓力為 14 kgf/cm² G，壓縮比為 15，則其低壓錶壓力(kgf/cm² G)為

(A)－1 kgf/cm² (B)0 kgf/cm² (C)1 kgf/cm² (D)2 kgf/cm²。

解析 $1atm = 1.033 kg/cm²$，壓縮比 $= 15 = \dfrac{\text{高壓表壓力}+1.033}{\text{低壓表壓力}+1.033} = \dfrac{14+1.033}{x+1.033}$，

$\therefore$ 低壓表壓力 $= 0 kgf/cm²$，1atm(一大氣壓力)。

( )54. 15 kW 的水泵，效率為 0.6，循環水量為 400 GPM，則水泵揚程(ft)可達

(A)60 ft (B)100 ft (C)120 ft (D)150 ft。

解析 $15kW/0.746kW = 20ft$，揚程 $= (20×3690×0.6)/400×1 = 120ft$。

( )55. 有一桶溫度為 25℃、100kg 的水要冷卻成 5℃的水，求其所需排除熱量為多少 kcal？

(A)2000 kcal (B)1000 kcal (C)200 kcal (D)100 kcal。

解析 $H = m \cdot s \cdot \triangle t = 100kg × 1kcal/kg℃ × (25-5)℃ = 2000kcal$。

( )56. 有一冰水機組使用 5 kW 密閉型壓縮機，其冰水入口溫度為 10℃，出口溫度為 5℃，水量 50 m²/min 時，則其冷凝器散熱(kcal/h)為

(A)15000 kcal/h (B)30000 kcal/h (C)19300 kcal/h (D)50000 kcal/h。

解析 $1kW = 860kcal/h$，冷縮器散熱 ＝ 壓縮機排熱量 ＋ 冷凍負荷

$= 5×860 + 50×60×1×(10-5) = 19300kcal/hr$。

( )57. 空調箱之冷卻盤管有下列何種功能？

(A)冷卻、加濕 (B)冷卻、減濕 (C)加熱、加濕 (D)加熱、減濕 等功能。

( )58. 往復式壓縮機之排氣溫度過高時，易產生

(A)鍍銅 (B)液壓縮 (C)積碳 (C)過冷度增加。

( )59. 一般轎車冷氣高壓過高之可能原因為？

(A)電磁離合器斷線 (B)電磁離合器打滑損壞

(C)溫度開關損壞 (D)散熱風扇馬達故障。

( )60. 冷媒液管發生閃蒸(Flashing)時，可能使

(A)蒸發壓力下降 (B)蒸發壓力升高

(C)冷凝壓力下降 (D)冷凝壓力升高。

答案 53.(B) 54.(C) 55.(A) 56.(C) 57.(B) 58.(C) 59.(D) 60.(A)

( )61. 高壓低、低壓高，其可能的原因為
(A)冷媒過多　(B)冷媒過少　(C)管路堵塞　(D)壓縮機吸入閥片損壞。

( )62. 蒸發壓力降低則壓縮機在單位時間之吸入冷媒量會
(A)增加　(B)不變　(C)減少　(D)增減不定。

( )63. 電冰箱中乾燥過濾器前後有明顯溫度差，係表示
(A)冷媒太多　(B)冷媒太少　(C)系統有空氣　(D)乾燥過濾器部份堵塞。

( )64. 毛細管冷媒循環系統，壓縮機吸入管結霜是因為？
(A)氣溫太高　(B)吸入壓力太低　(C)冷媒太多　(D)冷媒太少。

( )65. 箱型空調機運轉時，高低壓均偏低是因為
(A)壓縮不良　(B)吐出閥片破裂　(C)膨脹閥固定不良　(D)冷媒不足。

( )66. 有二隔熱體，熱傳導率分別為 $K_1 = 0.4$ kcal/m^{2}h℃，$K_2 = 0.6$ kcal/m^{2}h℃ 重疊後，總熱傳導率 K 為(kcal/m^{2}h℃)
(A)4.2 kcal/m^2 h℃　　　　　　　　(B)1 kcal/m^2 h℃
(C)0.24 kcal/m^2 h℃　　　　　　　(D)0.2 kcal/m^2 h℃。

解析 $\dfrac{1}{K} = \dfrac{1}{K_1} + \dfrac{1}{K_2} = \dfrac{1}{0.4} + \dfrac{1}{0.6}$ ，$\therefore K = 0.24\,\text{kcal/m}^2\text{h℃}$ 。

( )67. 箱型空調機運轉時，低壓過高是因為
(A)吸入閥片破裂　(B)冷卻器結霜　(C)過濾器堵塞　(D)負載太低。

( )68. 密閉型壓縮機內部溫度開關動作，可能原因為
(A)冷媒不足　(B)液壓縮　(C)吸入閥片破裂　(D)電流不足。

( )69. 冷凍系統在運轉中，高壓升高是因為
(A)水份進入系統　　　　　　　　(B)蒸發器中積留冷媒液
(C)空氣進入系統　　　　　　　　(D)膨脹閥阻塞。

( )70. 系統滿載時氣冷式冷凝器積留冷媒液體過多
(A)冷卻效果越好　(B)高壓降低　(C)高壓升高　(D)低壓降低。

( )71. 箱型空調機冷卻盤管結霜時
(A)會使風量增加　　　　　　　　(B)會使蒸發溫度升高
(C)會引起液壓縮　　　　　　　　(D)電流升高。

答案 61.(D)　62.(C)　63.(D)　64.(C)　65.(D)　66.(C)　67.(A)　68.(A)　69.(C)　70.(C)
71.(C)

( )72. 何種原因不影響冷凍系統中水垢之形成
(A)水溫　(B)水質　(C)污染　(D)冷媒。

( )73. 冰水主機在運轉中，因高壓異常上升以致安全閥動作冷媒在大量外洩時，
如把總電源開關切斷，使冰水主機及各附屬水泵同時停機則可能會使
(A)高壓繼續上升　　　　　　　　(B)冷凍油流失
(C)冷凝器水管路結冰　　　　　　(D)壓縮機受損。

( )74. 空調箱之出風溫度偏高，進出水溫差偏大可能之原因為何？
(A)盤管太髒　(B)冰水主機噸位不足　(C)風量太少　(D)冰水流量不足。

( )75. 往復式冰水機卸載裝置之主要目的為
(A)保持低壓穩定　　　　　　　　(B)保持高壓穩定
(C)保持冰出水溫度穩定　　　　　(D)保持容量穩定。

( )76. 往復式冰水主機壓縮機之曲軸箱及潤滑油在運轉中發生異常低溫，其可能
的原因為
(A)冷媒不足　(B)低負荷運轉　(C)油加熱器失效　(D)膨脹閥不良。

( )77. 半密閉式壓縮機氣缸蓋過熱變色，其可能的原因為
(A)冷凍油不足　(B)高壓閥片斷裂　(C)低壓閥片斷裂　(D)活塞環斷裂。

( )78. 半密閉式壓縮機氣缸蓋溫度偏低無法加載，其可能的原因為
(A)冷凍油太多　(B)高壓閥片斷裂　(C)低壓閥片斷裂　(D)活塞環裂。

( )79. 往復式壓縮機油壓偏低，其可能的原因為
(A)低壓過低　(B)高低壓差太小　(C)高壓太低　(D)軸承磨損。

( )80. 往復式壓縮機啟動頻繁，其可能的原因為
(A)冷卻水溫太低　　　　　　　　(B)油壓開關跳脫設定太高
(C)冷氣負荷太小　　　　　　　　(D)冰水溫度開關設定溫差太小。

( )81. 往復式壓縮機排氣溫度過高，其可能的原因為？
(A)冷卻水溫太高　　　　　　　　(B)油位太高
(C)冷氣負荷太小　　　　　　　　(D)膨脹閥感溫棒鬆脫。

( )82. 壓縮機氣缸洩漏增大時，則
(A)吸入溫度增加　(B)冷凍能力增加　(C)容積效率降低　(D)容易液壓縮。

答　案 72.(D)　73.(C)　74.(D)　75.(C)　76.(D)　77.(B)　78.(C)　79.(D)　80.(D)　81.(A)
82.(C)

( )83. 冷凍系統蒸發器冷凍能力變小和低壓壓力偏高的現象是因
(A)壓縮機效率不良　(B)缺冷凍油　(C)冷媒太少　(D)膨脹閥堵塞。

( )84. 當壓縮機運轉時，曲軸箱冷凍油起泡的原因是
(A)冷凍油中溶入太多冷媒　　　　　(B)冷凍油中溶入水份
(C)冷凍油劣化　　　　　　　　　　(D)冷凍油黏度太大。

( )85. 燒毀的壓縮機冷凍油通常呈現下列何種狀態？
(A)酸化有強烈的刺鼻味　　　　　　(B)鹼化無味
(C)冷凍油乳化狀　　　　　　　　　(D)冷凍油黏度變小。

( )86. 使用感溫式膨脹閥之冷媒循環系統，若發生馬達過熱，其可能的原因為
(A)冷媒充填過量　　　　　　　　　(B)冷媒充填量過少
(C)壓縮機卸載　　　　　　　　　　(D)壓縮機運轉過久。

( )87. 往復式壓縮機油壓無法建立，其可能的原因為
(A)壓縮機反轉　(B)冰水溫度過低　(C)冰水溫度過高　(D)油溫過低。

( )88. 壓縮機無法滿載運轉，其可能的原因為
(A)電壓太高　(B)電壓太低　(C)壓縮機反轉　(D)卸載裝置調整不良。

( )89. 若冰水器進水溫度 16℃，出水溫度 8℃，其可能的原因為
(A)冰水流量過大　　　　　　　　　(B)冰水流量過小
(C)冷卻水流量過大　　　　　　　　(D)冷卻水流量過小。

解析 因為冰水進出水溫差超過 5℃ 以上，所以判斷為冰水的流量太小。

( )90. 若往復式壓縮機之吐出管溫度為 30℃，可能原因為壓縮機
(A)過載運轉　(B)加載運轉　(C)正常運轉　(D)液壓縮運轉。

( )91. 使用 R-22 冷媒之水冷式冷凝器，若運轉中進水溫度 27℃，出水溫度 29℃，
高壓壓力 16.5 kgf/cm^{2}G(冷媒飽和溫度為 45℃)，則
(A)低負載運轉中　　　　　　　　　(B)冷卻水濾篩太髒
(C)冷凝器太髒需清洗　　　　　　　(D)屬正常運轉。

( )92. 使用 R-22 冷媒之水冷式冷凝器，若運轉中進水溫度 27℃，出水溫度 40℃，
高壓壓力 16.5kgf/cm^{2}G(冷媒飽和溫度為 45℃)，則
(A)低負載運轉中　　　　　　　　　(B)冷卻水濾篩太髒
(C)冷凝器銅管結垢　　　　　　　　(D)屬正常運轉。

答案 83.(A)　84.(A)　85.(A)　86.(B)　87.(D)　88.(D)　89.(B)　90.(D)　91.(C)　92.(B)

( )93. 使用 R-22，額定容量 100 USRT 之冰水主機，運轉中測得冰水流量為 1.2 m³/min，進水溫度為 11℃，出水溫度為 7℃，則冰水器之實際容量(USRT)為

(A)80 USRT　(B)95 USRT　(C)100 USRT　(D)120 USRT。

解析 $1\text{USRT} = 3024\,\text{kcal/hr}$，$1.2\,\text{m}^3/\text{min} \times 60\,\text{min} = 72000\,\text{kg/hr}$，

$H = 72000 \times 1 \times (11 - 7) = 288000\,\text{kcal/hr}$，

冰水器之實際容量 $= \dfrac{288000}{3024} = 95\text{USRT}$。

( )94. 使用 R-22 之冰水主機，運轉中高壓錶為 14 kgf/cm²G(飽和溫度 40℃)，低壓錶為 4.5 kgf/cm²G(飽和溫度 2.5℃)，油壓錶為 8 kgf/cm²G，冰水進水溫度 12℃，冰水出水溫度 7℃，冷卻水進水溫度 30℃，出水溫度 35℃，則

(A)滿載正常運轉　(B)冷媒稍為不足　(C)冷媒過多　(D)油壓偏低。

( )95. 使用 R-22 之冰水主機，運轉中高壓錶為 12.5 kgf/cm²G(飽和溫度 34℃)，低壓錶為 3 kgf/cm²G(飽和溫度−7℃)，冰水出水溫度 8℃，且壓縮機吸入口附近結霜，則屬

(A)卸載正常運轉　　　　　　　(B)壓縮機回流管濾篩半堵

(C)冷凍油太髒　　　　　　　　(D)卸載器不良。

( )96. 回流管過熱現象將會造成下列何種效果？

(A)壓縮功降低　　　　　　　　(B)冷凝器負荷減少

(C)壓縮機排氣溫度降低　　　　(D)COP 降低。

( )97. 在液管視窗中呈現氣泡，顯示

(A)冷媒量過多　(B)冷媒中有水份　(C)冷媒量不足　(D)冷媒中有雜質。

( )98. 下列何者不會是冷凍空調系統中水分的來源？

(A)冷凍油乾燥不完全　　　　　(B)冷媒中的水分

(C)抽真空時乾燥不完全　　　　(D)外界空氣由系統高壓側滲入。

( )99. 液壓縮時，壓縮機較不易損壞的是

(A)往復式　(B)螺旋式　(C)離心式　(D)迴轉式。

( )100. 低壓跳脫，其可能的原因為

(A)空調箱風車反轉　(B)冷媒太多　(C)過熱度太小　(D)過冷度太大。

答案 93.(B)　94.(A)　95.(B)　96.(D)　97.(C)　98.(D)　99.(B)　100.(A)

( )101. 蒸發器結霜時，低壓壓力會？
(A)不變　(B)下降　(C)上升　(D)忽高忽低。

( )102. 冷卻管路積有空氣時，冰水主機會發生
(A)高壓過低　(B)高壓過高　(C)低壓過低　(D)低壓過高。

( )103. 冰水管路積有空氣時，冰水主機會發生
(A)高壓過低　(B)高壓過高　(C)低壓過低　(D)低壓過高。

( )104. 冰水器內銅管結冰破裂，其可能的原因為
(A)氣溫太低　　　　　　　　(B)防凍開關失效
(C)低壓過低　　　　　　　　(D)冷媒循環系統有水份存在。

( )105. 運轉中冰水器之出水溫度一定比冰水器之蒸發溫度
(A)高　(B)低　(C)一樣　(D)依負載而定。

( )106. 若將冷媒循環系統中之感溫式膨脹閥，當開度調整手動開太小時，則
(A)低壓壓力會上升　　　　　(B)過熱度會增加
(C)壓縮機易造成液壓縮　　　(D)發生追逐現象。

( )107. 冷媒壓縮機之壓縮方式可分為流體動力與容積式兩種，屬於流體動力式之
壓縮機為　(A)往復式　(B)離心式　(C)迴轉式　(D)螺旋式。

( )108. 冷媒循環系統之閃蒸(Flashing)，一般均發生在
(A)高壓冷媒液管　(B)低壓冷媒液管　(C)高壓排氣管　(D)低壓回流管。

( )109. 水冷式箱型空調機在運轉中，因高壓異常上升以致可熔栓爆開，此時如把
總電源開關切斷，使主機及各附屬水泵同時停機，則可能會使
(A)高壓壓力繼續上升　　　　(B)系統壓力繼續下降
(C)凝結器結冰　　　　　　　(D)壓縮機受損。

( )110. 中央空調冰水系統之空調箱出、回風溫度差偏高，進、出水溫差偏低，其
可能的原因為
(A)冰水管內有空氣　　　　　(B)冰水主機卸載運轉
(C)空調箱風扇馬達皮帶磨損　(D)冰水流量不足。

答　案 101.(B) 102.(B) 103.(C) 104.(B) 105.(A) 106.(B) 107.(B) 108.(A) 109.(B) 110.(C)

( )111. 半密閉螺旋機式壓縮機其潤滑油系統之油壓大多採
(A)壓縮機內建油泵系統　　　　　　(B)壓縮機外部增設輔助油泵系統
(C)冷媒循環系統高壓與低壓壓力差　(D)無油式潤滑油系統。

( )112. 冰水主機壓縮機無法卸載運轉，其可能的原因為
(A)低壓閥片損壞　(B)溫度開關故障　(C)壓縮機反轉　(D)冷媒太多。

( )113. 水冷式冷凝器冷卻水進出水溫差(℃)通常取
(A)4～6℃　(B)0～3℃　(C)10～15℃　(D)15℃　以上。

( )114. 冰水主機若冷凝器進水溫度 28℃，出水溫度 38℃，其可能的原因為
(A)冰水流量過小　　　　　　　　　(B)冰水流量過大
(C)冷卻水流量過小　　　　　　　　(D)冷卻水流量過大。

( )115. 冰水主機若冷凝器進水溫度 37℃，出水溫度 41℃，其可能的原因為
(A)冷卻水塔冷卻能力不足　　　　　(B)冷卻水塔冷卻能力太大
(C)冷卻水流量過小　　　　　　　　(D)冷卻水流量過大。

( )116. R-134a 之冰水主機，運轉中高壓錶為 140 psig(飽和溫度 42℃)，低壓錶為 45 psig(飽和溫度 10℃)，冰水出水溫度 13℃，冰水回水溫度 16℃，則原因應為
(A)系統冷媒太多　　　　　　　　　(B)主機卸載運轉
(C)冰水熱負載太大　　　　　　　　(D)加、卸載裝置故障。

( )117. R-134a 之冰水主機，運轉中高壓錶為 110 psi(飽和溫度 34℃)，低壓錶為 50 psi(飽和溫度 12℃)，冰水出水溫度 13℃，冰水回水溫度 15℃，則原因應為
(A)系統冷媒太多　　　　　　　　　(B)主機卸載運轉
(C)冰水熱負載太大　　　　　　　　(D)系統冷媒不足。

( )118. R-410A 之水冷式定頻箱型空調機，運轉中高壓錶為 2.2 MPa(飽和溫度 38℃)，低壓錶為 0.83 MPa(飽和溫度 5℃)冷氣出風溫度 16℃，冰水回水溫度 25℃，則原因應為
(A)系統冷媒太多　　　　　　　　　(B)系統正常運轉
(C)系統熱負載太大　　　　　　　　(D)系統冷媒不足。

答案 111.(C)　112.(B)　113.(A)　114.(C)　115.(A)　116.(C)　117.(B)　118.(B)

（ ）119. R-410A 之氣冷式定頻箱型空調機，運轉中高壓錶為 2.04 MPa(飽和溫度 35
　　　　℃)，低壓錶為 0.623 MPa(飽和溫度 –3℃)，冷氣出風溫度 21℃，室內回風
　　　　溫度 27℃，則原因應為
　　　　(A)系統冷媒太多　　　　　　　　(B)系統正常運轉
　　　　(C)系統熱負載太大　　　　　　　(D)系統冷媒不足。

（ ）120. 箱型空調機高壓跳脫，其可能的原因為
　　　　(A)壓縮機轉向逆轉　　　　　　　(B)冷媒太多
　　　　(C)冷媒過熱度太小　　　　　　　(D)冷卻水溫太低。

二、複選題

（ ）121. 壓縮機吸氣端過熱度增加是因
　　　　(A)膨脹閥開度太小　　　　　　　(B)冷卻水減少
　　　　(C)壓縮機卸載　　　　　　　　　(D)膨脹閥感溫筒漏氣。

（ ）122. 冷卻水塔排氣呈現水蒸氣結霧現象時，下列哪些非其原因？
　　　　(A)冷卻水塔水量不足　　　　　　(B)周圍空氣之乾球溫度低於排氣露點溫度
　　　　(C)冷卻能力下降　　　　　　　　(D)冷卻水塔風量不足。

（ ）123. 空氣相對濕度(RH)為 100%時則？
　　　　(A)乾球溫度比濕球溫度高　　　　(B)乾球溫度等於濕球溫度
　　　　(C)乾球溫度等於露點溫度　　　　(D)乾球溫度比濕球溫度低。

（ ）124. 下列哪些是冷媒循環系統蒸發壓力太低的可能原因？
　　　　(A)壓縮機失油　　(B)膨脹閥故障　　(C)蒸發器負載太大　　(D)冷媒不足。

（ ）125. 下列哪些是冰主機高壓過高的原因？
　　　　(A)冷卻水塔風扇皮帶斷裂　　　　(B)乾燥過濾器堵塞
　　　　(C)冷凝器太髒　　　　　　　　　(D)系統冷媒量不足。

（ ）126. 下列哪些是空調箱進、出冰水溫差小的可能原因？
　　　　(A)回風濾網太髒堵塞　　　　　　(B)冰水主機噸位不足
　　　　(C)空調箱風量太小　　　　　　　(D)冰水流量不足。

答案	119.(D)	120.(B)	121.(AD)	122.(ACD)	123.(BC)	124.(BD)
	125.(AC)	126.(AC)				

( )127. 往復式壓縮機閥片漏氣，將導致
(A)冷凍能力下降   (B)冷凝溫度上升
(C)蒸發溫度下降   (D)壓縮機電流下降。

( )128. 冷媒循環系統冷媒太少，將導致
(A)冷凍能力下降   (B)壓縮機機體過熱
(C)蒸發溫度下降   (D)壓縮機回流管結霜。

( )129. 冰水主機壓縮機在運轉時發生冷凍油溫度異常偏低，其可能原因為？
(A)負載太低壓縮機卸載運轉   (B)液態冷媒回流進壓縮機
(C)膨脹閥開度異常   (D)冷卻水量不足。

( )130. 半密閉螺旋式冰水主機壓縮機吐出溫度過高，其可能原因為
(A)冷凝器散熱不良   (B)負載太大
(C)冰水流量太少   (D)冰水主機噸位太大。

( )131. 下列哪些是冰水主機引起低壓過低的可能原因？
(A)壓縮機卸載運轉   (B)冷媒太多
(C)冷媒乾燥過濾器堵塞   (D)高壓過低。

( )132. 下列哪些是引起油壓過低的原因？
(A)冷凍油含冷媒量太多   (B)油濾網太髒
(C)低壓壓力太高   (D)冷凍油黏滯度太高。

( )133. 下列哪些是引起防凍開關動作停機的原因？
(A)冷卻水水量不足   (B)冰水水量不足
(C)冰水溫度控制開關失效   (D)負載太高。

( )134. 下列哪些是引起密閉式壓縮機馬達過熱的原因？
(A)壓縮機液態冷媒回流   (B)膨脹閥開度太小
(C)壓縮機啟停動作太頻繁   (D)冷媒太少。

( )135. 冷媒循環系統當乾燥過濾器未完全堵塞時，其過濾器出口可能會有下列哪些情形？   (A)結露 (B)溫降 (C)結霜 (D)溫升。

答 案					
127.(AD)	128.(ABC)	129.(BC)	130.(AB)	131.(CD)	132.(AB)
133.(BC)	134.(BCD)	135.(ABC)			

( )136. 往復式壓縮機高壓閥片氣密不良時，可能會導致
(A)壓縮機吐出端溫度上升　　　　(B)吐出壓力降低、吸入壓力降低
(C)吸入壓力升高、吐出壓力降低　(D)壓縮機運轉電流上升。

( )137. 氣冷式空調冰水主機，當冷媒充填量不足時，則
(A)壓縮機電流會上升　　　　　　(B)冷凝器進出風之溫差會變小
(C)壓縮機吸氣溫度較正常高　　　(D)風扇馬達電流下降。

( )138. 冰水主機如果冷媒充填過多會導致
(A)冷凍能力上升　　　　　　　　(B)高壓壓力上升
(C)冰水器結冰　　　　　　　　　(D)冷媒之過冷度增加。

( )139. 冰水主機運轉經測量得知，冷凝器的過冷度偏低，其可能的原因為
(A)冷凝器散熱不良　(B)冷卻水溫過低　(C)冷媒太多　(D)冷媒過少。

( )140. 水冷式冰水主機運轉在多天運轉時，要保持固定之高壓壓力，常用的方法有
(A)利用三路閥旁通控制冷凝器冷卻水流量
(B)以變頻器控制冷卻水塔風扇轉速
(C)壓縮機卸載
(D)以變頻器控制空調箱馬達轉速。

( )141. 冷媒循環系統內有空氣存在時
(A)低壓壓力比蒸發飽和壓力為高
(B)壓縮機電流較正常時高
(C)高壓壓力比冷凝飽和壓力為高
(D)壓縮機排氣溫度較正常時低。

( )142. 箱型空調機發生系統低壓過低之現象，可能原因為
(A)蒸發器回風過濾網堵塞　　　　(B)乾燥過濾器堵塞
(C)壓縮機壓縮不良　　　　　　　(D)系統冷媒不足。

( )143. 冰水主機運轉時冷媒量不足，可能有那些現象
(A)由液管冷媒視窗有氣泡　　　　(B)運轉電流下降
(C)乾燥過濾器出口結霜　　　　　(D)冰水進出水溫差變大。

答　案					
136.(AC)	137.(BC)	138.(BD)	139.(AD)	140.(AB)	141.(BC)
142.(ABD)	143.(AB)				

(   )144. 壓縮機發生潤滑不良，可能原因有
(A)冷凍油選用錯誤　　　　　　　(B)汽缸溫度太高
(C)液態冷媒流回壓縮機　　　　　(D)低壓太低。

(   )145. 下列哪些是冰水溫度無法下降的原因？
(A)冷媒不足　(B)負荷過大　(C)壓縮機無法卸載　(D)冷凝器散熱不良。

(   )146. 空調箱回風過濾網太髒，將導致
(A)送風量不變　　　　　　　　　(B)冷氣能力變小
(C)出回風溫差變大　　　　　　　(D)風扇馬達電流上升。

(   )147. 冷媒循環系統當膨脹閥開度調整太大時，可能導致
(A)低壓壓力會上升　　　　　　　(B)過熱度會增加
(C)壓縮機易造成液壓縮　　　　　(D)發生追逐現象。

(   )148. 半密閉螺旋式冰水主機壓縮機吐出溫度過低，其可能的原因為
(A)冷卻水溫度太低　　　　　　　(B)冰水負載太大
(C)液態冷媒回流進壓縮機　　　　(D)冰水主機容量太小。

(   )149. 往復式壓縮機氣缸活塞環磨損時，將導致
(A)冷凝溫度上升　　　　　　　　(B)壓縮機失油
(C)容積效率降低　　　　　　　　(D)壓縮機容易液壓縮。

(   )150. 下列哪些是造成密閉式冷媒壓縮機馬達燒燬的原因？
(A)馬達電流過高　　　　　　　　(B)冷媒不足長時間運轉
(C)蒸發器熱負荷太低　　　　　　(D)冷凍油酸化。

(   )151. 使用感溫式膨脹閥之冷媒循環系統，若密閉式壓縮機馬達過熱，其可能原因為
(A)感溫式膨脹閥故障　　　　　　(B)冷媒充填量過少
(C)壓縮機卸載　　　　　　　　　(D)壓縮機運轉過久。

(   )152. 壓縮機之壓縮方式可分為容積式與流體動力式兩種，屬於容積式的壓縮機為
(A)往復式壓縮機　　　　　　　　(B)離心式壓縮機
(C)迴轉式壓縮機　　　　　　　　(D)螺旋式壓縮機。

答　案	144.(ABC)	145.(ABD)	146.(BC)	147.(AC)	148.(AC)	149.(BC)
	150.(ABD)	151.(AB)	152.(ACD)			

( )153. 氣冷式冰水主機冷凝器之冷凝能力與下列哪些項目有關？
(A)相對濕度　(B)風量　(C)乾球溫度　(D)濕球溫度。

( )154. 感溫式膨脹閥之感溫筒固定不良時，將導致
(A)低壓壓力下降　　　　　　　　(B)過熱度會減少
(C)冷媒流量減少　　　　　　　　(D)馬達電流增加。

( )155. 中央空調系統空調箱之冰水盤管有下列哪些功能？
(A)冷卻　(B)除濕　(C)加濕　(D)加熱。

( )156. 往復式冰水主機系統高壓壓力低，低壓壓力高，其可能原因為
(A)冷媒太少　　　　　　　　　　(B)壓縮機卸載運轉
(C)蒸發器太髒　　　　　　　　　(D)壓縮機吸入閥片損壞。

( )157. 下列哪些是箱型空調機運轉時，低壓壓力過低的原因？
(A)負載太低　(B)過濾器堵塞　(C)冷媒太少　(D)外氣溫度太高。

( )158. 箱型空調機壓縮機內部線圈溫度開關動作，可能原因為
(A)冷媒不足　(B)過濾器堵塞　(C)外氣溫度太低　(D)蒸發器太髒。

( )159. 下列哪些是冷媒循環系統在運轉中，會引起高壓壓力升高的原因？
(A)空氣進入系統　　　　　　　　(B)冷凍油不足
(C)膨脹閥開度太小　　　　　　　(D)冷凝器散熱不良。

( )160. 箱型空調機蒸發器冷媒盤管結霜時，則
(A)電流升高　　　　　　　　　　(B)會使蒸發溫度下降
(C)會引起液壓縮　　　　　　　　(D)低壓壓力下降。

( )161. 水冷式冷媒循環系統中，造成冷凝器水垢形成的因素為？
(A)冷媒種類　(B)水溫　(C)蒸發溫度　(D)水質。

答案	153.(BC)	154.(BD)	155.(AB)	156.(BD)	157.(ABC)	158.(AB)
	159.(AD)	160.(BCD)	161.(BD)			

工作項目 08：安裝與維護

一、單選題

( ) 1. 箱型空調機之可熔栓是裝置在
(A)蒸發器 (B)冷凝器 (C)毛細管 (D)壓縮機。

解析 可熔栓裝在冷凝器上方，防止冷媒壓力過高可排出冷媒防止系統故障。

( ) 2. 密閉式配管系統之水泵淨高揚程為？
(A)接膨脹水箱之高度 (B)0 (C)水泵之高度 (D)熱交換器之高度。

( ) 3. 高樓冰水系統逆止閥應裝置在
(A)泵吸入端 (B)泵吐出端 (C)空調箱進口端 (D)冷卻水塔進口端。

( ) 4. 水管件裝置不須考慮裝配方向性者為
(A)逆止閥 (B)過濾器 (C)電磁閥 (D)閘門閥。

解析 閘門閥二方向互通，不考慮方向性。

( ) 5. 冰水管路系統之開放式膨脹水箱應裝置在
(A)水泵吸入口 (B)水泵吐出口 (C)回流管最高處 (D)送水管最高處。

解析 膨脹水箱裝在冰水管路的回流管最高處，可以將管路中的空氣排掉。

( ) 6. 冷凍空調系統不需加以保溫者為
(A)冰水管 (B)回風管 (C)送風管 (D)冷卻水管。

解析 冷卻水的溫度都比一般空氣的溫度還高，所以不需要保溫。

( ) 7. 風管截面積變化時，漸小角度為
(A)10 度 (B)20 度 (C)30 度 (D)45 度 以下。

( ) 8. 風管之彎曲部份其曲率半徑在長邊之 1.5 倍以內時，需加裝
(A)節氣門 (B)分岐風片 (C)導風片 (D)防火風門。

( ) 9. 空調出風口之吹達距離，一般選定為其空間長度之
(A)$\frac{1}{2}$ 倍 (B)$\frac{3}{4}$ 倍 (C)1 倍 (D)1.5 倍。

答案 1.(B) 2.(B) 3.(B) 4.(D) 5.(C) 6.(D) 7.(D) 8.(C) 9.(B)

( )10. 風管系統送風量 6000 m³/hr，風速 6 m/s 時摩擦損失為 0.08 mmAq/m，若風量改變為 3000 m³/hr 時其風速(m/s)為

(A)9 m/s　(B)6 m/s　(C)3 m/s　(D)1 m/s。

解析 $\dfrac{Q_1}{v_1}=\dfrac{Q_2}{v_2}$，$\dfrac{6000}{6}=\dfrac{3000}{x}$ ⇒ 風速 $=\dfrac{3000\times 6}{6000}=3\,\text{m/s}$。

( )11. 感溫式膨脹閥之外平衡管應裝在

(A)蒸發器入口　　　　　　　　　(B)感溫棒與蒸發器之間

(C)感溫棒與壓縮機之間　　　　　(D)冷凝器出口。

( )12. 真空泵之回轉方向必須

(A)右轉　(B)左轉　(C)依照機上箭頭方向　(D)左右轉均無所謂。

( )13. 水泵於裝妥試車時，假如馬達本身正常，卻發生運轉電流高於額定值時，其原因為

(A)水管系統水壓降大於泵之額定揚程

(B)水管系統水壓降小於泵之額定值揚程太多

(C)泵初運轉時之特性

(D)水管中之水過濾器堵塞。

( )14. 水泵電流過大，其可能的原因為

(A)水過濾器半堵　(B)水流量太小　(C)水關斷閥未全開　(D)揚程過大。

( )15. 冷凍油積存蒸發盤管內，無法回到壓縮機，其可能的原因為

(A)回流管太小　(B)回流管太大　(C)蒸發溫度太高　(D)風量太大。

( )16. 假使水管中之水過濾器(Strainer)嚴重堵塞，將造成水泵電動機

(A)過載　(B)電流下降　(C)運轉電流不變　(D)電流增減不定。

( )17. 假設有一密閉式之冰水管路系統，水泵置於地下室，將冰水送到各樓，其中最高點高於水泵 26 m，而該管路之總摩擦損失為 16 m，則該泵之揚程為

(A)16 m　(B)26 m　(C)34 m　(D)42 m　或以上才能使冰水正常循環。

解析 水泵揚程高於管路摩擦損失即可使冰水正常循環。

( )18. 電冰箱板式蒸發器破裂，應使用何種銲接補漏

(A)電銲　(B)銀銲　(C)銅銲　(D)鋁銲。

解析 冰箱蒸發器材質為鋁板，所以用鋁焊補漏。

答案 10.(C)　11.(C)　12.(C)　13.(B)　14.(D)　15.(B)　16.(B)　17.(A)　18.(D)

( )19. 下列何者非低溫裝置之吸入管保溫的目的？
(A)防止結霜 　　　　　　　　(B)防止吸入冷媒過熱
(C)防止熱傳損失 　　　　　　　(D)增加冷媒過熱度。

( )20. 一般低速風管，風管內之設計風速(m/s)不大於
(A)12.5 m/s　(B)15 m/s　(C)20 m/s　(D)30 m/s　以上。

( )21. 長時停機後，開啟冷凍機，壓縮機冷凍油起泡是因為
(A)冷媒太多　(B)冷媒太少　(C)油溫太高　(D)油溫太低。

解析　冷媒比重比冷凍油比重要大，當油溫太低，冷媒會沉澱在冷凍油下方，所以啟動壓縮機冷凍油會起泡。

( )22. 螺旋式壓縮機之卸載方法目前大都採用
(A)滑動閥動作　(B)頂開吸氣閥　(C)關小膨脹閥　(D)降低轉速。

( )23. 管路系統造成漩渦真空(Cavitation)主要因
(A)管路水壓過高 　　　　　　　(B)管路水量過多
(C)水泵吸入口過濾器太髒阻塞 　(D)水泵選用太小。

( )24. 控制風量大小設備為？
(A)電動三路閥　(B)溫度開關　(C)可調式風門　(D)風壓開關。

( )25. 空氣污染嚴重場所(含酸性高)之冷卻水管宜採用？
(A)銅管　(B)鐵管　(C)不銹鋼管　(D)鋁管。

( )26. 選用安全閥不需考慮
(A)容器大小　(B)冷媒種類　(C)高壓壓力　(D)壓縮機種類。

( )27. 高壓開關動作時之正常處理方式應為
(A)有復歸按鈕者按下後即可再啟動
(B)無復歸按鈕者等待其復原後再啟動
(C)調整高壓設定值到其不動作為止
(D)查明動作原因並排除後啟動。

( )28. 非冷卻水塔補給水之目的是補給
(A)蒸發的水量　(B)噴散飛濺流失之水量　(C)溢流水量　(D)膨脹水箱。

答案　19.(D)　20.(A)　21.(D)　22.(A)　23.(C)　24.(C)　25.(C)　26.(D)　27.(D)　28.(D)

( )29. 氣冷式冷凍機，欲使其在冬季正常運轉，宜加裝
(A)蒸發壓力調節裝置 (B)冷凝壓力調節裝置 (C)電磁閥 (D)逆向閥。

( )30. 當負荷降低，卸載裝置動作時，壓縮機以馬達的運轉電流將隨之
(A)昇高 (B)不變 (C)降低 (D)不一定。

( )31. 有一水冷式凝結器，對數平均溫度差5℃，總熱傳係數為800 kcal/m²-hr-℃，當冷凝熱量為32000 kcal/h，其傳熱面積(m²)為多少？
(A)8 m² (B)16 m² (C)40 m² (D)400 m²

解析 傳熱面積 $=\dfrac{32000}{5\times800}=8m^2$。

( )32. 溫度一定時，氣體之體積與壓力成反比，即 $PV=$ 常數，此為
(A)道爾頓定律 (B)波義耳定律 (C)查理定律 (D)氣體定律。

( )33. 一般氧氣瓶之充罐完成後之瓶壓力(kgf/cm²G)約為
(A)20 kgf/cm²G (B)100 kgf/cm²G (C)150 kgf/cm²G (D)250 kgf/cm²G。

( )34. 氣冷式冷氣機若壓縮機在室外，其冷媒配管需保溫是
(A)高壓氣體管 (B)低壓管 (C)高低壓管 (D)高壓液體管。

解析 因低壓管為低溫低壓氣體必須保溫，防止低壓管產生結露現象。

( )35. 家用除濕機除濕過程的空氣是
(A)經冷凝器加溫除濕 (B)經蒸發器降溫除濕
(C)先經冷凝器再經蒸發器 (D)先經蒸發器再經冷凝器。

( )36. 電動機通常使用狀態下，人體易接觸之可動部份，須安裝
(A)電阻器 (B)保護框或保護網 (C)保險絲 (D)電容器。

( )37. 不燃性之保溫材料是
(A)普利龍 (B)PE 發泡體 (C)PU 發泡體 (D)玻璃棉。

( )38. 冷凍櫃高壓錶所指示的是
(A)蒸發器 (B)冷凝器 (C)膨脹閥 (D)毛細管 的壓力。

( )39. 箱型空調機系統在冷凝器和膨脹閥之間裝有
(A)壓縮機 (B)消音器 (C)低壓貯液器 (D)乾燥過濾器。

答案 29.(B) 30.(C) 31.(A) 32.(B) 33.(C) 34.(B) 35.(D) 36.(B) 37.(D) 38.(B) 39.(D)

( )40. 家用除濕機自動停機控制器為

(A)溫度開關　(B)除霜開關　(C)風壓開關　(D)水箱浮球開關。

( )41. 冷藏鮮花水果因會釋放

(A)乙烯　(B)乙烷

(C)丙烯　(D)丙烷　加速成長，故必需換氣或用高錳酸鉀來中和。

( )42. 下列何種蒸發器效率最好？

(A)滿液式　(B)乾式　(C)氣冷式　(D)蒸發式。

( )43. 壓縮機停機時，冷凍油溫度(℃)應維持在

(A)20℃　(B)50℃　(C)75℃　(D)85℃　以免冷媒溶入油內。

( )44. 半密式往復式冰水主機之高壓安全釋氣閥應裝於

(A)冷凝器上方　　　　　　　(B)冷凝器下方

(C)高壓液管上　　　　　　　(D)壓縮機高壓端接口上。

( )45. 半密式往復式冰水主機之高壓開關應裝接自於

(A)冷凝器上方　　　　　　　(B)冷凝器下方

(C)高壓液管上　　　　　　　(D)壓縮機高壓端接口上。

( )46. 半密式往復式冰水主機之低壓開關應裝接自於

(A)蒸發器上方　(B)蒸發器下方　(C)回流管上　(D)壓縮機低壓端接口上。

( )47. 空調系統之啟動程序：1、啟動空調箱風車；2、啟動風扇及冷卻水泵；

3、啟動冰水泵；4、啟動冰水機，正確步驟為？

(A)1234　(B)4321　(C)4213　(D)4123。

( )48. 空調系統之停車程序：1、停止冰水機；2、停止冰水泵；3、停止風扇及冷

卻水泵；4、停止空調箱風車，正確步驟為？

(A)2134　(B)1234　(C)3142　(D)2143。

( )49. 最適用於大風量，低靜壓場合之風機為

(A)前傾式　(B)後傾式　(C)翼截面式　(D)軸流式。

( )50. 當送風量增加時，馬達容易有過負載現象(Overload)危險之風機為

(A)前傾式　(B)後傾式　(C)翼截面式　(D)軸流式。

答案 40.(D)　41.(A)　42.(A)　43.(B)　44.(A)　45.(D)　46.(D)　47.(A)　48.(B)　49.(D)

50.(A)

( )51. 冰水主機之防凍開關應置於何處？
(A)冰水入口　(B)冰水出口　(C)冷卻水入口　(D)冷卻水出口。

( )52. 若欲將空氣除濕增溫，可用下列何種設備？
(A)加熱盤管　(B)化學除濕器　(C)冷卻盤管　(D)空氣清洗器。

( )53. 下列那一組合，可提供一個 40 冷凍噸，80 冷凍噸，120 冷凍噸或 160 冷凍噸的冷凍系統
(A)二台 80 冷凍噸　　　　　　　　(B)一台 80 冷凍噸、二台 40 冷凍噸
(C)三台 40 冷凍噸　　　　　　　　(D)三台 60 冷凍噸。

( )54. 下列何種裝置受高溫會使系統釋放壓力？
(A)出液閥　(B)洩壓閥　(C)溶栓　(D)排氣閥。

( )55. 有一空間 60 m² 有 6 人，每一位需要新鮮空氣為 0.05 m³/min，試問每小時新鮮空氣的換氣量(m³/hr)？
(A)10 m³/hr　(B)18 m³/hr　(C)20 m³/hr　(D)50 m³/hr。

解析 換氣量 $= 0.05\,\text{m}^3/\text{min} \times 60\,\text{min} \times 6\,人 = 18\,\text{m}^3/\text{hr}$。

( )56. 有一房間 40 m³ 具有 3000 kcal/h 的空調負荷，房間溫度 24°C 與出風口溫度 18°C，空氣比熱 0.24 kcal/kg°C，比體積 0.82 m³/kg 試問供風量(CMM)為多少？　(A)13.2 CMM　(B)28.5 CMM　(C)171.8 CMM　(D)792.5 CMM。

解析 $H = m \cdot s \cdot \triangle t = Q/v \times s \cdot \triangle t = 3000\,\text{kcal/h}$，
供風量 $= (3000 \times 0.82)/60 \times 0.24 \times (24-18) = 28.5\text{CMM}$。

( )57. 有三個房間欲控制相同的室溫，地板面積分別為 10 m²、20 m²、30 m²，總風量為 40 CMM，試問 30 m² 的房間需分配多少風量(CMM)？
(A)10 CMM　(B)20 CMM　(C)25 CMM　(D)30 CMM。

解析 30m^2 分配風量 $= 40\text{CMM} \times \dfrac{30}{10+20+30} = 20\text{CMM}$。

( )58. 有三個房間欲控制相同的室溫，地板面積分別為 10 m²、20 m²、30 m² 總風量為 40CMS，請問 30 m² 的房間出風口面積為多少 m²(風速 3.5m/s)？
(A)5.7 m²　(B)2.8 m²　(C)1.9 m²　(D)0.47 m²。

解析 30m^2 分配風量 $= 40\text{CMM} \times \dfrac{30}{10+20+30} = 20\text{CMM}$，
出風口面積 $= Q/v = 20\text{CMS}/3.5\text{m/s} = 5.7\text{m}^2$。

答案 51.(B)　52.(B)　53.(B)　54.(C)　55.(B)　56.(B)　57.(B)　58.(A)

( )59. 處理空調空間的揮發性有機氣體宜採用
(A)電子集塵器　(B)離心沉降　(C)過濾網過濾　(D)化學吸附。

( )60. 維護消耗性的過濾網，下列何者敘述錯誤？
(A)不需考慮安裝的前後方向性
(B)吸附過多灰塵會使通過空氣減速
(C)吸附過多灰塵會使通過空氣方向改變
(D)壓降太大時就需更換。

( )61. 活性碳過濾網最主要是去除空氣中的
(A)灰塵　(B)異味　(C)油氣　(D)水氣。

( )62. 往復式壓縮機啟動後，不久即停原因為
(A)冷卻水溫太低　　　　　(B)電壓過低
(C)冷氣負荷太大　　　　　(D)高壓開關設定太高。

解析 因 $P=VI$，當電壓過低電流就會升高，使壓縮機的過載保護跳脫而停機。

( )63. 往復式壓縮機運轉不停，其可能的原因為？
(A)冷卻水溫太低　(B)油位太低　(C)冷氣負荷太大　(D)油壓太低。

( )64. 空調水系統當有結垢傾向時，我們可發現水的 pH 值會
(A)變大　(B)變小　(C)不變　(D)不一定。

解析 水的 PH 值變大，表示偏鹼性，水系統就有結垢傾向。

( )65. 壓縮機內部配件有鍍銅現象時表示？
(A)壓縮機撞擊油　　　　　(B)壓縮機油位過低
(C)系統中有水氣或酸　　　(D)壓縮機液壓縮。

( )66. 冷凍循環系統各元件安裝位置，下列敘述何者錯誤？
(A)油分離器－壓縮機出口　(B)儲液器－冷凝器出口
(C)乾燥過濾器－蒸發器出口　(D)逆止閥－壓縮機出口。

解析 乾燥過濾器－膨脹閥入口

答案 59.(D)　60.(A)　61.(B)　62.(B)　63.(C)　64.(A)　65.(C)　66.(C)

( )67. 有關空調主機安裝原則，下列敘述何者錯誤？
(A)蒸發器及冷凝器的出入口可裝設關斷閥
(B)水泵入口處須裝設濾網
(C)機器周圍須有充分空間以安裝冰水及冷卻水泵與管路，配電盤等附屬設備
(D)在冰水及冷卻水配管的最高點裝設排水閥。

解析 在冰水及冷卻水配管的最低點才可裝設排水閥。

( )68. 依 CNS12575 規定 300RT(含)以上之水冷離心式壓縮機性能係數(COP)不得小於 (A)6.10 (B)4.90 (C)4.45 (D)2.79。

( )69. 有關電磁閥安裝之注意事項，下列敘述何者錯誤？
(A)應注意冷媒流向 (B)可長時間無載通電
(C)應注意絕緣及防水 (D)容量應配合系統大小。

( )70. 一般使用空調箱盤管水側壓損(kPa)約為
(A)3～5 kPa (B)10～20 kPa (C)30～50 kPa (D)100～200 kPa。

( )71. 冷卻水塔安裝時，下列敘述何者錯誤？
(A)通風良好且無障礙物的場所
(B)盡可能選擇有煙塵腐蝕性排氣的地方
(C)避開設置於有高溫或潮濕的地方
(D)長期運轉須考慮冷卻水溫度控制。

( )72. 冷卻水塔飛濺損失應小於冷卻水量的
(A)0.1% (B)1% (C)5% (D)7%。

解析 在冷卻水塔的散熱排風扇旁邊加裝收集塑膠板，可減少飛濺損失。

( )73. 設置兩台以上圓形冷卻水塔間距須大於
(A)塔體直徑 (B)塔體半徑 (C)塔體兩倍直徑 (D)塔體兩倍半徑。

( )74. 根據 ASHRAE15-2007 標準，空調主機機房或使用空間的冷媒濃度規定，在未使用機械通風狀況下，R-134a 冷媒濃度(ppm)應低於
(A)42,000 ppm (B)60,000 ppm (C)1,000 ppm (D)500 ppm。

( )75. 一般使用空調箱空氣側盤管壓損(Pa)不超過
(A)200 Pa (B)150 Pa (C)100 Pa (D)50 Pa。

答案 67.(D) 68.(A) 69.(B) 70.(C) 71.(B) 72.(A) 73.(B) 74.(B) 75.(D)

( )76. 離心式風機靜壓低於 800 Pa 時，須使用下列何種類型的葉片較為適宜？
(A)前傾式　(B)後傾式　(C)翼截式　(D)螺槳式。

( )77. 比速度與下列何者為反比關係？
(A)風量　(B)轉速　(C)揚程　(D)入口氣體比重。

( )78. 一般全熱交換器排氣量最少須保持進氣量之
(A)10%　(B)20%　(C)30%　(D)40%。

( )79. 有關於水配管注意事項，下列何者敘述正確？
(A)平衡管(旁通管)須加裝閥件
(B)密閉系統必須裝置膨脹水箱
(C)二次水泵之旁通管路，其管徑流量應高於主機容量 50%以上
(D)配管的最高點須裝設排水閥。

( )80. 水配管因應管內水溫度變化，須裝設伸縮管接頭，在溫度介於 0～50℃之單
式伸縮管套頭容許配管長度(m)應為
(A)50 m　(B)100 m　(C)200 m　(D)30 m　以下。

( )81. 膨脹水箱應設置排泥閥，其配管口徑(mm)應大於
(A)10 mm　(B)15 mm　(C)20 mm　(D)25 mm。

解析　10mm(3 分管)，15mm(4 分管)，20mm(6 分管)，25mm(1 吋管)。

( )82. 空調主機配管時，下列敘述何者錯誤？
(A)與主機連接的配管須裝設防震接頭
(B)冰水及冷卻水配管的最低點裝設排水閥
(C)蒸發器及冷凝器的出入口須裝設關斷閥
(D)冰水及冷卻水泵出口處須裝設過濾網。

( )83. 依 CNS12575 規定 500 RT 以上之水冷容積式壓縮機性能係數(COP)不得小
於　(A)6.10　(B)5.50　(C)4.45　(D)4.90。

( )84. 冷凝器水壓降以不超過多少 kPa 為原則？
(A)50 kPa　(B)100 kPa　(C)150 kPa　(D)200 kPa。

( )85. 下列何者現象不會對水泵造成損傷？
(A)水錘　(B)空(孔)蝕　(C)喘振　(D)降壓啟動。

答案　76.(A)　77.(C)　78.(D)　79.(B)　80.(D)　81.(D)　82.(D)　83.(B)　84.(B)　85.(D)

( )86. 依風車定律而言，當送風機風量降低為原風量之一半時，其功率為原功率之 (A)0.125 倍 (B)0.25 倍 (C)0.5 倍 (D)1 倍。

解析 $\dfrac{Q_1}{Q_2} = (\dfrac{P_1}{P_2})^3$, $P_2 = (\dfrac{1}{2})^3 = \dfrac{1}{8} = 0.125$ 倍。

( )87. 空調水配管最小口徑(mm)不得低於多少？

(A)10 mm (B)15 mm (C)20 mm (D)25 mm。

( )88. 空調水配管橫向幹管口徑(mm)不得低於多少？

(A)24 mm (B)28 mm (C)32 mm (D)40 mm。

( )89. 依照 CNS12812 標準，有關主機在正常運轉下的防垢規範，其 EER 必須維持 (A)60% (B)70% (C)80% (D)90% 以上。

( )90. 根據水系統水質控制，有關循環水之懸浮固體規範，最高濃度(ppm)必須小於多少？

(A)1 ppm (B)10 ppm (C)50 ppm (D)100 ppm。

( )91. 根據水系統水質控制，有關循環水藻菌規範，其微生物菌落數必須小於多少 CFU/mL？

(A)3000 CFU/mL (B)6000 CFU/mL

(C)8000 CFU/mL (D)10000 CFU/mL。

( )92. 風管為避開障礙物，必須減少尺寸，其截面積之改變量，不得超過原截面積之 (A)10% (B)20% (C)30% (D)40%。

( )93. 20kW 之水泵，效率為 0.7，循環水量為 500 GPM，則水泵揚程可達多少 ft？
(A)85 ft (B)115 ft (C)145 ft (D)175 ft。

解析 馬力：$\dfrac{20kW}{0.746kW/HP} \cong 26.8HP$，1 馬力(Horse power) = 746 瓦特(W) = 0.746kW

揚程 $= \dfrac{馬力數 \times 3960 \times 效率}{循環水量 \times 比重} = \dfrac{26.8 \times 3960 \times 0.7}{500 \times 1} \cong 145ft$。

( )94. 分歧管、肘管及彎管，應以風管中心線為準而轉彎半徑不得小於風管寬度之 (A)0.8 倍 (B)1 倍 (C)1.2 倍 (D)1.5 倍。

( )95. 選擇冷媒管徑時，排氣管、吸氣管或液管之壓降通常不超過多少℃為原則？
(A)1℃ (B)2℃ (C)3℃ (D)4℃。

答案 86.(A) 87.(C) 88.(C) 89.(D) 90.(B) 91.(D) 92.(B) 93.(C) 94.(D) 95.(A)

(　)96. 有關水配管，下列敘述何者正確？
(A)提高流速，增加水泵揚程　　　　(B)管路配置複雜
(C)測試、調整、平衡(TAB)　　　　(D)增大管徑，提高流量。

(　)97. 下列何者不是影響風管表面熱損失的因素？
(A)寬高比　(B)風速　(C)隔熱材　(D)環境溫度。

(　)98. 依據室內空氣品質管理法第七條第二項，有關室內空氣品質的標準規定，
二氧化碳(CO_2)標準值不得高於多少 ppm？
(A)9　(B)35　(C)1000　(D)1500。

(　)99. 下列何者不是選用圓形風管較矩形風管佳的原因？
(A)阻力損失較低
(B)提供較好的氣膠傳輸環境
(C)相較於相等面積的矩形風管，使用較少材料
(D)施工較方便。

(　)100. 冷卻水系統因結垢，會使高壓壓力升高，每升高 1 kgf/cm^2，會使冷凍能力
下降　(A)1%　(B)14%　(C)7%　(D)21%　左右。

(　)101. 有關風管設計，下列何者敘述錯誤？
(A)出、回風口選擇適當位置
(B)風量正確之分布
(C)不須規劃選擇與詳細計算通風壓損
(D)考量工作流程。

(　)102. 下列何種隔熱保溫材料隔熱效果較佳？
(A)玻璃棉　(B)聚氨酯泡沫塑料　(C)泡沫石棉　(D)石棉氈。

(　)103. 有關配管系統設計基本要點，下列敘述何者錯誤？
(A)以適當的流速決定管徑
(B)不需考慮其配管及設備之經濟性
(C)天花板上層應保留管路配置空間
(D)決定配管路線時，應考慮維護保養空間。

答案　96.(C)　97.(D)　98.(C)　99.(D)　100.(C)　101.(C)　102.(B)　103.(B)

( )104. 有關後傾式風機，下列敘述何者正確？
(A)風量越小，壓力越大　　　　　(B)風量越小，功率越大
(C)在小風量時，有失速的現象　　(D)不會有過載的現象。

二、複選題

( )105. 安裝壓縮機時，下列哪些可以減少震動？
(A)以螺栓固定在基座，並保持水平　(B)以防震裝置在底座上
(C)配管使用可繞性管　　　　　　　(D)減小吐出管的管徑。

( )106. 下列哪些是冷卻水泵吸入端所需要的管件？
(A)關斷閥　(B)Y 型過濾器　(C)逆止閥　(D)避震軟管。

( )107. 水配管時，須考慮方向性的元件？
(A)逆止閥　(B)閘門閥　(C)過濾器　(D)電磁閥。

( )108. 壓縮機吸入端保溫，其目的為
(A)增加過冷度　(B)防止結霜　(C)避免過熱度增加　(D)減少熱傳損失。

( )109. 下列哪些配管材料適用於鹼性滷水(Brine)系統？
(A)鎳銅管　(B)鈦銅管　(C)鋅管　(D)紫銅管。

( )110. 下列哪些配管材料適用於酸性滷水(Brine)系統？
(A)鈦銅管　(B)鋼管　(C)鋅管　(D)塑膠材料。

( )111. 造成水冷式冷凝器中水垢的形成，受下列哪些因素影響？
(A)水壓　(B)水溫　(C)水質　(D)污染。

( )112. 下列哪些是聯軸器調整兩軸中心的對準校正方法？
(A)利用鋼直尺校正　　　　　　(B)利用量錶檢查校正
(C)利用高度規校正　　　　　　(D)利用目視法校正。

( )113. 下列哪些是風管型式？
(A)圓形　(B)矩形　(C)橢圓管　(D)稜形。

( )114. 冰水管路的保溫常用材料有
(A)PU 聚氨甲酸乙酯發泡　　　　(B)PE 聚乙烯發泡
(C)玻璃棉　　　　　　　　　　　(D)PS 聚苯乙烯發泡。

答 案					
104.(D)	105.(ABC)	106.(ABD)	107.(ACD)	108.(BCD)	109.(ABD)
110.(BCD)	111.(BCD)	112.(ABC)	113.(ABC)	114.(ABCD)	

( )115. 下列哪些是殼管式冷凝器水側的除垢方法？
(A)人工洗刷 (B)機械清洗 (C)化學清洗 (D)增加水流量。

( )116. 下列哪些是離心式水泵可能產生的現象？
(A)水鎚作用 (B)空蝕現象 (C)湧浪現象 (D)液壓縮。

( )117. 管路施工完成後，運轉前可利用下列哪些方式去除管內生鏽、砂土及焊接
鐵屑等異物？
(A)直接清掃方式 (B)以水沖洗方式 (C)加裝過濾器 (D)以空氣洗淨方式。

( )118. 冷卻水系統因水質有異，可能導致
(A)腐蝕現象 (B)污泥 (C)藻類 (D)細菌。

( )119. 有關往復式冰水機組保護元件，下列敘述哪些正確？
(A)防凍開關感溫棒裝在冰水器入口側
(B)溫度開關感溫棒裝在冰水器出口側
(C)高壓開關應裝接自於高壓端接口上
(D)油壓開關應接於低壓端接口與油泵的吐出口。

( )120. 有關前傾式送風機，下列敘述哪些正確？
(A)原則上以皮帶(belt)驅動
(B)小型送風機可採用直結式
(C)電動機之極數為 4 極以上時，可使用直結式
(D)在廚房、浴室等之排氣用送風機的機殼上需具有防水功能。

( )121. 風管系統隔熱，其目的為
(A)避免結露 (B)減少風管內空氣溫升
(C)減少溫度控制的影響因素 (D)避免細菌滋生。

( )122. 有關冰水機組配電，下列敘述哪些正確？
(A)為避免冰水機組一直跳脫，應選用較大容量的電源開關或斷路器
(B)裝置無熔線開關時，應將開關置於 OFF 位置
(C)當線路配妥通電前，應檢查所接線路是否正確
(D)電源開關除緊急事故或長期停機使用外，以控制盤面的按鈕開關為主。

答 案 115.(ABC) 116.(ABC) 117.(ABD) 118.(ABCD) 119.(CD) 120.(ABD)
121.(ABC) 122.(BCD)

( )123. 有關空調箱安裝，下列敘述哪些正確？
(A)須預留適當取樣口，以供不定期量測
(B)機身應保持水平，並注意排水斜度
(C)保留維護空間
(D)裝接排水管高於滴水盤位置。

( )124. 下列哪些現象會對水泵造成損傷？
(A)水鎚 (B)空蝕 (C)空轉 (D)湧浪。

( )125. 下列哪些為空調箱維護保養需檢查項目？
(A)過濾網 (B)傳動皮帶 (C)風扇軸承 (D)排水管路。

( )126. 下列哪些是風管的使用材質？
(A)金屬 (B)塑膠類 (C)紅銅 (D)玻璃纖維。

( )127. 空調箱之排水管裝置存水彎，其主要目的為
(A)排水順暢 (B)防止臭氣 (C)防止蚊蟲 (D)防止堵塞。

( )128. 有關冷卻水塔安裝的位置，下列敘述哪些正確？
(A)選擇通風良好的場所
(B)避免裝於腐蝕性氣體發生的地方
(C)裝於油煙及粉塵多的地方
(D)靠近高溫或潮濕排氣的地方。

( )129. 有關冷卻水塔，下列敘述哪些正確？
(A)多部並聯時，應裝設連通管作為水位平衡使用
(B)循環水泵安裝位置應高於水槽
(C)全年運轉之冷卻水塔需考慮冷卻水溫度控制
(D)一般冷卻水溫較所在環境濕球溫度高 3～5℃。

( )130. 下列哪些會影響風管表面熱損失的因素？
(A)寬高比 (B)風速高低 (C)隔熱材質 (D)環境溫度。

答案 123.(ABC) 124.(ABCD) 125.(ABCD) 126.(ABD) 127.(BC) 128.(AB)
129.(ACD) 130.(ABC)

( )131. 有關水泵安裝，下列敘述哪些正確？
(A)流體溫度超過 80℃時，需特別註明
(B)安裝完成後，未充滿水之前不可空轉
(C)安裝應注意其轉向
(D)水泵吐出處須裝設逆止閥。

( )132. 應如何減少水泵空蝕現象的產生？
(A)選擇旋轉速度較快的泵浦
(B)系統水溫保持低溫
(C)縮短及加粗吸入管，減少吸入損失水頭
(D)不可超出設計操作範圍。

( )133. 風車皮帶輪與馬達皮帶輪不在同一直線上，將導致
(A)噪音大　(B)傳送較大之動力　(C)皮帶較易磨損　(D)防止機器震動。

( )134. 開放式壓縮機在現場安裝後，通電試車前，應先校正及調整連軸器，其主要目的為
(A)防止壓縮機軸封損壞　　　　　(B)避免冷媒洩漏
(C)降低機組震動　　　　　　　　(D)減少壓力損失。

( )135. 離心式風機靜壓高於 800 Pa 時，須使用下列哪些類型的葉片較為適宜？
(A)前傾式　(B)後傾式　(C)翼截式　(D)徑向式。

( )136. 水泵比速度與下列哪些為正比關係？
(A)流量　(B)轉速　(C)水頭　(D)入口流體密度。

( )137. 有關配管系統設計基本要點，下列敘述哪些正確？
(A)天花板上層應保留管路配置空間
(B)需考慮其配管及設備之經濟性
(C)以適當的流速決定管徑
(D)決定水配管路線時，應考慮維護保養空間。

答案 131.(ABCD) 132.(BCD)　133.(AC)　134.(ABC)　135.(BCD)　136.(AB)
137.(ABCD)

( )138. 有關冰水主機水配管，下列敘述哪些正確？
(A)冰水及冷卻水配管的最低點裝設釋氣閥
(B)與主機連接的配管須裝設防震接頭
(C)蒸發器及冷凝器的出入口須裝設關斷閥
(D)冰水及冷卻水泵出口處須裝設過濾網。

( )139. 有關水配管，下列敘述哪些錯誤？
(A)提高流速，增加水泵揚程　　　(B)測試、調整及平衡(TAB)
(C)不考慮壓力損失　　　　　　　(D)增大管徑，提高流量。

( )140. 下列哪些是選用圓形風管較矩形風管佳的原因？
(A)阻力損失較低
(B)提供較好的氣體傳輸環境
(C)相較於相等面積的矩形風管，使用較少材料
(D)熱損失較小。

( )141. 有關風管設計，下列敘述哪些正確？
(A)出、回風口選擇適當位置　　　(B)風口、風量正確之分布
(C)須規劃選擇與詳細計算通風壓損　(D)考量順暢性與容易施工。

( )142. 有關風機選用，下列敘述哪些正確？
(A)須考慮運轉噪音
(B)前傾式送風機大多以皮帶驅動，小型可採直結式
(C)不可選在會失速發生的區域
(D)前傾式風機建議使用較小一級之風機。

( )143. 有關全熱交換器選用，下列敘述哪些正確？
(A)可使用廁所、茶水間、廚房等排氣
(B)外氣與排氣入口處加裝空氣過濾器
(C)進氣口處須防止雨水進入
(D)風速為 2.5 m/s 以上時，使用靜止式。

( )144. 有關電磁閥安裝，下列敘述哪些正確？
(A)不需注意冷媒流向　　　　　　(B)不需考慮安裝角度
(C)應注意絕緣及防水　　　　　　(D)規格應配合系統大小。

答案 138.(BC)　　139.(ACD)　140.(ABCD)　141.(ABCD)　142.(ABC)　143.(BC)
144.(CD)

※補充：常用之單位轉換

一、壓力

1 大氣壓力(1 Atm) = 101 kPa = 1.01325 bar = 14.7 psi (1b/in^2) = 1.033 kg/cm^2

1 bar(巴) = 0.1 Mpa = 100 kpa(千帕)

二、絕對壓力

$\begin{cases} \text{英制 絕對壓力(psia)} = 14.7 \text{ lb/m}^2 \text{ (psi)} + \text{ 英制 表壓力(psig)} \\ \text{公制 絕對壓力(kg/cm}^2\text{-a)} = 1.033 \text{ kg/cm}^2 + \text{ 公制 表壓力(kg/cm}^2\text{-G)} \end{cases}$

三、冷凍噸

$\begin{cases} \text{英制 冷凍噸} = 12000 \text{ BTU/hr} = 3024 \text{ kcal/hr} = 3.516 \text{ kW(USRT)} \\ \text{公制 冷凍噸} = 3320 \text{ kcal/hr} = 3.86 \text{ kW} \end{cases}$

1 kW = 860 kcal/hr

1 kcal = 4.186 kJ(kW-s) = 3.968 BTU

1 BTU = 252 cal(卡) = 0.252 kcal

四、溫度

$$^\circ F = \frac{9}{5} \times {^\circ C} + 32 = 1.8 \times {^\circ C} + 32$$

$$^\circ C = \frac{5}{9} \times (^\circ F - 32)$$

$$K = {^\circ C} + 273$$

五、比熱

1 公斤的水升高溫度 1℃，所需熱量 1 千卡的熱值稱為水的比熱。

$S_{水} = 1$ kcal/kg℃

$S_{冰} = 0.5$ kcal/kg℃

$S_{水蒸氣} = 0.48$ kcal/kg℃

$S_{空氣} = 0.24$ kcal/kg℃

共同學科

不分級題庫

- ➤ 工作項目 1　職業安全衛生
- ➤ 工作項目 2　工作倫理與職業道德
- ➤ 工作項目 3　環境保護
- ➤ 工作項目 4　節能減碳

工作項目 ❶　職業安全衛生

單選題

((2)) 1. 對於核計勞工所得有無低於基本工資，下列敘述何者有誤？
(1)僅計入在正常工時內之報酬　　　(2)應計入加班費
(3)不計入休假日出勤加給之工資　　(4)不計入競賽獎金。

((3)) 2. 下列何者之工資日數得列入計算平均工資？
(1)請事假期間　　　　　　　　　　(2)職災醫療期間
(3)發生計算事由之前 6 個月　　　　(4)放無薪假期間。

((4)) 3. 以下對於「例假」之敘述，何者有誤？
(1)每 7 日應休息 1 日　　　　　　　(2)工資照給
(3)出勤時，工資加倍及補休　　　　(4)須給假，不必給工資。

( ) 4. 勞動基準法第 84 條之 1 規定之工作者，因工作性質特殊，就其工作時間，下列何者正確？ (4)
(1)完全不受限制　　　　　　　　　(2)無例假與休假
(3)不另給予延時工資　　　　　　　(4)勞雇間應有合理協商彈性。

( ) 5. 依勞動基準法規定，雇主應置備勞工工資清冊並應保存幾年？ (3)
(1)1 年　(2)2 年　(3)5 年　(4)10 年。

( ) 6. 事業單位僱用勞工多少人以上者，應依勞動基準法規定訂立工作規則？ (4)
(1)200 人　(2)100 人　(3)50 人　(4)30 人。

( ) 7. 依勞動基準法規定，雇主延長勞工之工作時間連同正常工作時間，每日不得超過多少小時？　(1)10　(2)11　(3)12　(4)15。 (3)

( ) 8. 依勞動基準法規定，下列何者屬不定期契約？ (4)
(1)臨時性或短期性的工作　　　　　(2)季節性的工作
(3)特定性的工作　　　　　　　　　(4)有繼續性的工作。

( ) 9. 依職業安全衛生法規定，事業單位勞動場所發生死亡職業災害時，雇主應於多少小時內通報勞動檢查機構？　(1)8　(2)12　(3)24　(4)48。 (1)

( ) 10. 事業單位之勞工代表如何產生？ (1)
(1)由企業工會推派之　　　　　　　(2)由產業工會推派之
(3)由勞資雙方協議推派之　　　　　(4)由勞工輪流擔任之。

( ) 11. 職業安全衛生法所稱有母性健康危害之虞之工作，不包括下列何種工作型態？ (4)
(1)長時間站立姿勢作業　　　　　　(2)人力提舉、搬運及推拉重物
(3)輪班及夜間工作　　　　　　　　(4)駕駛運輸車輛。

( ) 12. 依職業安全衛生法施行細則規定，下列何者非屬特別危害健康之作業？ (3)
(1)噪音作業　(2)游離輻射作業　(3)會計作業　(4)粉塵作業。

( ) 13. 從事於易踏穿材料構築之屋頂修繕作業時，應有何種作業主管在場執行主管業務？　(1)施工架組配　(2)擋土支撐組配　(3)屋頂　(4)模板支撐。 (3)

( ) 14. 以下對於「工讀生」之敘述，何者正確？ (4)
(1)工資不得低於基本工資之 80%　(2)屬短期工作者，加班只能補休
(3)每日正常工作時間得超過 8 小時　(4)國定假日出勤，工資加倍發給。

(　) 15. 勞工工作時手部嚴重受傷，住院醫療期間公司應按下列何者給予職業災害 (3)
補償？
(1)前 6 個月平均工資　　　　　　(2)前 1 年平均工資
(3)原領工資　　　　　　　　　　(4)基本工資。

(　) 16. 勞工在何種情況下，雇主得不經預告終止勞動契約？ (2)
(1)確定被法院判刑 6 個月以內並論知緩刑超過 1 年以上者
(2)不服指揮對雇主暴力相向者
(3)經常遲到早退者
(4)非連續曠工但 1 個月內累計達 3 日以上者。

(　) 17. 對於吹哨者保護規定，下列敘述何者有誤？ (3)
(1)事業單位不得對勞工申訴人終止勞動契約
(2)勞動檢查機構受理勞工申訴必須保密
(3)為實施勞動檢查，必要時得告知事業單位有關勞工申訴人身分
(4)任何情況下，事業單位都不得有不利勞工申訴人之行為。

(　) 18. 職業安全衛生法所稱有母性健康危害之虞之工作，係指對於具生育能力之 (4)
女性勞工從事工作，可能會導致的一些影響。下列何者除外？
(1)胚胎發育　　　　　　　　　　(2)妊娠期間之母體健康
(3)哺乳期間之幼兒健康　　　　　(4)經期紊亂。

(　) 19. 下列何者非屬職業安全衛生法規定之勞工法定義務？ (3)
(1)定期接受健康檢查　　　　　　(2)參加安全衛生教育訓練
(3)實施自動檢查　　　　　　　　(4)遵守安全衛生工作守則。

(　) 20. 下列何者非屬應對在職勞工施行之健康檢查？ (2)
(1)一般健康檢查　　　　　　　　(2)體格檢查
(3)特殊健康檢查　　　　　　　　(4)特定對象及特定項目之檢查。

(　) 21. 下列何者非為防範有害物食入之方法？ (4)
(1)有害物與食物隔離　　　　　　(2)不在工作場所進食或飲水
(3)常洗手、漱口　　　　　　　　(4)穿工作服。

(　) 22. 有關承攬管理責任，下列敘述何者正確？　(1)
   (1)原事業單位交付廠商承攬，如不幸發生承攬廠商所僱勞工墜落致死職業
    災害，原事業單位應與承攬廠商負連帶補償及賠償責任
   (2)原事業單位交付承攬，不需負連帶補償責任
   (3)承攬廠商應自負職業災害之賠償責任
   (4)勞工投保單位即為職業災害之賠償單位。

(　) 23. 依勞動基準法規定，主管機關或檢查機構於接獲勞工申訴事業單位違反本　(4)
   法及其他勞工法令規定後，應為必要之調查，並於幾日內將處理情形，以
   書面通知勞工？　　(1)14　(2)20　(3)30　(4)60。

(　) 24. 我國中央勞工行政主管機關為下列何者？　(3)
   (1)內政部　(2)勞工保險局　(3)勞動部　(4)經濟部。

(　) 25. 對於勞動部公告列入應實施型式驗證之機械、設備或器具，下列何種情形　(4)
   不得免驗證？
   (1)依其他法律規定實施驗證者　　　(2)供國防軍事用途使用者
   (3)輸入僅供科技研發之專用機　　　(4)輸入僅供收藏使用之限量品。

(　) 26. 對於墜落危險之預防設施，下列敘述何者較為妥適？　(4)
   (1)在外牆施工架等高處作業應盡量使用繫腰式安全帶
   (2)安全帶應確實配掛在低於足下之堅固點
   (3)高度 2m 以上之邊緣開口部分處應圍起警示帶
   (4)高度 2m 以上之開口處應設護欄或安全網。

(　) 27. 下列對於感電電流流過人體的現象之敘述何者有誤？　(3)
   (1)痛覺　　　　　　　　　　　　　(2)強烈痙攣
   (3)血壓降低、呼吸急促、精神亢奮　(4)顏面、手腳燒傷。

(　) 28. 下列何者非屬於容易發生墜落災害的作業場所？　(2)
   (1)施工架　(2)廚房　(3)屋頂　(4)梯子、合梯。

(　) 29. 下列何者非屬危險物儲存場所應採取之火災爆炸預防措施？　(1)
   (1)使用工業用電風扇　　　　　　　(2)裝設可燃性氣體偵測裝置
   (3)使用防爆電氣設備　　　　　　　(4)標示「嚴禁煙火」。

(　)30. 雇主於臨時用電設備加裝漏電斷路器,可減少下列何種災害發生? (3)
(1)墜落　(2)物體倒塌、崩塌　(3)感電　(4)被撞。

(　)31. 雇主要求確實管制人員不得進入吊舉物下方,可避免下列何種災害發生? (3)
(1)感電　(2)墜落　(3)物體飛落　(4)缺氧。

(　)32. 職業上危害因子所引起的勞工疾病,稱為何種疾病? (1)
(1)職業疾病　(2)法定傳染病　(3)流行性疾病　(4)遺傳性疾病。

(　)33. 事業招人承攬時,其承攬人就承攬部分負雇主之責任,原事業單位就職業 (4)
災害補償部分之責任為何?
(1)視職業災害原因判定是否補償　　　(2)依工程性質決定責任
(3)依承攬契約決定責任　　　(4)仍應與承攬人負連帶責任。

(　)34. 預防職業病最根本的措施為何? (2)
(1)實施特殊健康檢查　　　(2)實施作業環境改善
(3)實施定期健康檢查　　　(4)實施僱用前體格檢查。

(　)35. 以下為假設性情境:「在地下室作業,當通風換氣充分時,則不易發生一 (1)
氧化碳中毒或缺氧危害」,請問「通風換氣充分」係指「一氧化碳中毒或
缺氧危害」之何種描述?
(1)風險控制方法　(2)發生機率　(3)危害源　(4)風險。

(　)36. 勞工為節省時間,在未斷電情況下清理機臺,易發生危害為何? (1)
(1)捲夾感電　(2)缺氧　(3)墜落　(4)崩塌。

(　)37. 工作場所化學性有害物進入人體最常見路徑為下列何者? (2)
(1)口腔　(2)呼吸道　(3)皮膚　(4)眼睛。

(　)38. 活線作業勞工應佩戴何種防護手套? (3)
(1)棉紗手套　(2)耐熱手套　(3)絕緣手套　(4)防振手套。

(　)39. 下列何者非屬電氣災害類型? (4)
(1)電弧灼傷　(2)電氣火災　(3)靜電危害　(4)雷電閃爍。

(　)40. 下列何者非屬於工作場所作業會發生墜落災害的潛在危害因子? (3)
(1)開口未設置護欄　　　(2)未設置安全之上下設備
(3)未確實配戴耳罩　　　(4)屋頂開口下方未張掛安全網。

(　　) 41. 在噪音防治之對策中，從下列哪一方面著手最為有效？　(2)
(1)偵測儀器　(2)噪音源　(3)傳播途徑　(4)個人防護具。

(　　) 42. 勞工於室外高氣溫作業環境工作，可能對身體產生之熱危害，以下何者非　(4)
屬熱危害之症狀？　(1)熱衰竭　(2)中暑　(3)熱痙攣　(4)痛風。

(　　) 43. 以下何者是消除職業病發生率之源頭管理對策？　(3)
(1)使用個人防護具　(2)健康檢查　(3)改善作業環境　(4)多運動。

(　　) 44. 下列何者非為職業病預防之危害因子？　(1)
(1)遺傳性疾病　(2)物理性危害　(3)人因工程危害　(4)化學性危害。

(　　) 45. 下列何者非屬使用合梯，應符合之規定？　(3)
(1)合梯應具有堅固之構造
(2)合梯材質不得有顯著之損傷、腐蝕等
(3)梯腳與地面之角度應在 80 度以上
(4)有安全之防滑梯面。

(　　) 46. 下列何者非屬勞工從事電氣工作，應符合之規定？　(4)
(1)使其使用電工安全帽　　　　　(2)穿戴絕緣防護具
(3)停電作業應檢電掛接地　　　　(4)穿戴棉質手套絕緣。

(　　) 47. 為防止勞工感電，下列何者為非？　(3)
(1)使用防水插頭
(2)避免不當延長接線
(3)設備有金屬外殼保護即可免裝漏電斷路器
(4)電線架高或加以防護。

(　　) 48. 不當抬舉導致肌肉骨骼傷害或肌肉疲勞之現象，可稱之為下列何者？　(2)
(1)感電事件　(2)不當動作　(3)不安全環境　(4)被撞事件。

(　　) 49. 使用鑽孔機時，不應使用下列何護具？　(3)
(1)耳塞　(2)防塵口罩　(3)棉紗手套　(4)護目鏡。

(　　) 50. 腕道症候群常發生於下列何種作業？　(1)
(1)電腦鍵盤作業　　　　　　　　(2)潛水作業
(3)堆高機作業　　　　　　　　　(4)第一種壓力容器作業。

(　) 51. 對於化學燒傷傷患的一般處理原則，下列何者正確？ 　(1)
　　　　(1)立即用大量清水沖洗
　　　　(2)傷患必須臥下，而且頭、胸部須高於身體其他部位
　　　　(3)於燒傷處塗抹油膏、油脂或發酵粉
　　　　(4)使用酸鹼中和。

(　) 52. 下列何者非屬防止搬運事故之一般原則？ 　(4)
　　　　(1)以機械代替人力　　　　　　　(2)以機動車輛搬運
　　　　(3)採取適當之搬運方法　　　　　(4)儘量增加搬運距離。

(　) 53. 對於脊柱或頸部受傷患者，下列何者不是適當的處理原則？ 　(3)
　　　　(1)不輕易移動傷患　　　　　　　(2)速請醫師
　　　　(3)如無合用的器材，需 2 人作徒手搬運　(4)向急救中心聯絡。

(　) 54. 防止噪音危害之治本對策爲下列何者？ 　(3)
　　　　(1)使用耳塞、耳罩　　　　　　　(2)實施職業安全衛生教育訓練
　　　　(3)消除發生源　　　　　　　　　(4)實施特殊健康檢查。

(　) 55. 安全帽承受巨大外力衝擊後，雖外觀良好，應採下列何種處理方式？ 　(1)
　　　　(1)廢棄　(2)繼續使用　(3)送修　(4)油漆保護。

(　) 56. 因舉重而扭腰係由於身體動作不自然姿勢，動作之反彈，引起扭筋、扭腰 　(2)
　　　　及形成類似狀態造成職業災害，其災害類型爲下列何者？
　　　　(1)不當狀態　(2)不當動作　(3)不當方針　(4)不當設備。

(　) 57. 下列有關工作場所安全衛生之敘述何者有誤？ 　(3)
　　　　(1)對於勞工從事其身體或衣著有被污染之虞之特殊作業時，應備置該勞工
　　　　　　洗眼、洗澡、漱口、更衣、洗濯等設備
　　　　(2)事業單位應備置足夠急救藥品及器材
　　　　(3)事業單位應備置足夠的零食自動販賣機
　　　　(4)勞工應定期接受健康檢查。

(　) 58. 毒性物質進入人體的途徑，經由那個途徑影響人體健康最快且中毒效應最 　(2)
　　　　高？
　　　　(1)吸入　(2)食入　(3)皮膚接觸　(4)手指觸摸。

（　　）59. 安全門或緊急出口平時應維持何狀態？ (3)
　　　　　(1)門可上鎖但不可封死
　　　　　(2)保持開門狀態以保持逃生路徑暢通
　　　　　(3)門應關上但不可上鎖
　　　　　(4)與一般進出門相同，視各樓層規定可開可關。

（　　）60. 下列何種防護具較能消減噪音對聽力的危害？ (3)
　　　　　(1)棉花球　(2)耳塞　(3)耳罩　(4)碎布球。

（　　）61. 勞工若面臨長期工作負荷壓力及工作疲勞累積，沒有獲得適當休息及充足 (2)
　　　　　睡眠，便可能影響體能及精神狀態，甚而較易促發下列何種疾病？
　　　　　(1)皮膚癌　(2)腦心血管疾病　(3)多發性神經病變　(4)肺水腫。

（　　）62. 「勞工腦心血管疾病發病的風險與年齡、吸菸、總膽固醇數值、家族病史、 (2)
　　　　　生活型態、心臟方面疾病」之相關性為何？
　　　　　(1)無　(2)正　(3)負　(4)可正可負。

（　　）63. 下列何者不屬於職場暴力？ (3)
　　　　　(1)肢體暴力　(2)語言暴力　(3)家庭暴力　(4)性騷擾。

（　　）64. 職場內部常見之身體或精神不法侵害不包含下列何者？ (4)
　　　　　(1)脅迫、名譽損毀、侮辱、嚴重辱罵勞工
　　　　　(2)強求勞工執行業務上明顯不必要或不可能之工作
　　　　　(3)過度介入勞工私人事宜
　　　　　(4)使勞工執行與能力、經驗相符的工作。

（　　）65. 下列何種措施較可避免工作單調重複或負荷過重？ (3)
　　　　　(1)連續夜班　(2)工時過長　(3)排班保有規律性　(4)經常性加班。

（　　）66. 減輕皮膚燒傷程度之最重要步驟為何？ (1)
　　　　　(1)儘速用清水沖洗　　　　　　　　　(2)立即刺破水泡
　　　　　(3)立即在燒傷處塗抹油脂　　　　　　(4)在燒傷處塗抹麵粉。

（　　）67. 眼內噴入化學物或其他異物，應立即使用下列何者沖洗眼睛？ (3)
　　　　　(1)牛奶　(2)蘇打水　(3)清水　(4)稀釋的醋。

（　　）68. 石綿最可能引起下列何種疾病？ (3)
　　　　　(1)白指症　(2)心臟病　(3)間皮細胞瘤　(4)巴金森氏症。

(　) 69. 作業場所高頻率噪音較易導致下列何種症狀？ (2)

(1)失眠　(2)聽力損失　(3)肺部疾病　(4)腕道症候群。

(　) 70. 廚房設置之排油煙機為下列何者？ (2)

(1)整體換氣裝置　(2)局部排氣裝置　(3)吹吸型換氣裝置　(4)排氣煙囪。

(　) 71. 防塵口罩選用原則，下列敘述何者有誤？ (4)

(1)捕集效率愈高愈好　　　　　　(2)吸氣阻抗愈低愈好

(3)重量愈輕愈好　　　　　　　　(4)視野愈小愈好。

(　) 72. 若勞工工作性質需與陌生人接觸、工作中需處理不可預期的突發事件或工 (2)
作場所治安狀況較差，較容易遭遇下列何種危害？

(1)組織內部不法侵害　　　　　　(2)組織外部不法侵害

(3)多發性神經病變　　　　　　　(4)潛涵症。

(　) 73. 以下何者不是發生電氣火災的主要原因？ (3)

(1)電器接點短路　(2)電氣火花　(3)電纜線置於地上　(4)漏電。

(　) 74. 依勞工職業災害保險及保護法規定，職業災害保險之保險效力，自何時開 (2)
始起算，至離職當日停止？

(1)通知當日　(2)到職當日　(3)雇主訂定當日　(4)勞雇雙方合意之日。

(　) 75. 依勞工職業災害保險及保護法規定，勞工職業災害保險以下列何者為保險 (4)
人，辦理保險業務？

(1)財團法人職業災害預防及重建中心　(2)勞動部職業安全衛生署

(3)勞動部勞動基金運用局　　　　　　(4)勞動部勞工保險局。

(　) 76. 以下關於「童工」之敘述，何者正確？ (1)

(1)每日工作時間不得超過 8 小時

(2)不得於午後 8 時至翌晨 8 時之時間內工作

(3)例假日得在監視下工作

(4)工資不得低於基本工資之 70％。

(　) 77. 事業單位如不服勞動檢查結果，可於檢查結果通知書送達之次日起 10 日 (4)
內，以書面敘明理由向勞動檢查機構提出？

(1)訴願　(2)陳情　(3)抗議　(4)異議。

( ) 78. 工作者若因雇主違反職業安全衛生法規定而發生職業災害、疑似罹患職業 (2)
病或身體、精神遭受不法侵害所提起之訴訟,得向勞動部委託之民間團體
提出下列何者?
(1)災害理賠　(2)申請扶助　(3)精神補償　(4)國家賠償。

( ) 79. 計算平日加班費須按平日每小時工資額加給計算,下列敘述何者有誤? (4)
(1)前 2 小時至少加給 1/3 倍
(2)超過 2 小時部分至少加給 2/3 倍
(3)經勞資協商同意後,一律加給 0.5 倍
(4)未經雇主同意給加班費者,一律補休。

( ) 80. 依職業安全衛生設施規則規定,下列何者非屬危險物? (3)
(1)爆炸性物質　(2)易燃液體　(3)致癌物　(4)可燃性氣體。

( ) 81. 下列工作場所何者非屬法定危險性工作場所? (2)
(1)農藥製造
(2)金屬表面處理
(3)火藥類製造
(4)從事石油裂解之石化工業之工作場所。

( ) 82. 有關電氣安全,下列敘述何者錯誤? (1)
(1)110 伏特之電壓不致造成人員死亡
(2)電氣室應禁止非工作人員進入
(3)不可以濕手操作電氣開關,且切斷開關應迅速
(4)220 伏特為低壓電。

( ) 83. 依職業安全衛生設施規則規定,下列何者非屬於車輛系營建機械? (2)
(1)平土機　(2)堆高機　(3)推土機　(4)鏟土機。

( ) 84. 下列何者非為事業單位勞動場所發生職業災害者,雇主應於 8 小時內通報 (2)
勞動檢查機構?
(1)發生死亡災害
(2)勞工受傷無須住院治療
(3)發生災害之罹災人數在 3 人以上
(4)發生災害之罹災人數在 1 人以上,且需住院治療。

(　　) 85. 依職業安全衛生管理辦法規定，下列何者非屬「自動檢查」之內容？　(4)
(1)機械之定期檢查　　　　　　　(2)機械、設備之重點檢查
(3)機械、設備之作業檢點　　　　(4)勞工健康檢查。

(　　) 86. 下列何者係針對於機械操作點的捲夾危害特性可以採用之防護裝置？　(1)
(1)設置護圍、護罩　　　　　　　(2)穿戴棉紗手套
(3)穿戴防護衣　　　　　　　　　(4)強化教育訓練。

(　　) 87. 下列何者非屬從事起重吊掛作業導致物體飛落災害之可能原因？　(4)
(1)吊鉤未設防滑舌片致吊掛鋼索鬆脫　(2)鋼索斷裂
(3)超過額定荷重作業　　　　　　(4)過捲揚警報裝置過度靈敏。

(　　) 88. 勞工不遵守安全衛生工作守則規定，屬於下列何者？　(2)
(1)不安全設備　(2)不安全行為　(3)不安全環境　(4)管理缺陷。

(　　) 89. 下列何者不屬於局限空間內作業場所應採取之缺氧、中毒等危害預防措施？　(3)
(1)實施通風換氣　　　　　　　　(2)進入作業許可程序
(3)使用柴油內燃機發電提供照明　(4)測定氧氣、危險物、有害物濃度。

(　　) 90. 下列何者非通風換氣之目的？　(1)
(1)防止游離輻射　　　　　　　　(2)防止火災爆炸
(3)稀釋空氣中有害物　　　　　　(4)補充新鮮空氣。

(　　) 91. 已在職之勞工，首次從事特別危害健康作業，應實施下列何種檢查？　(2)
(1)一般體格檢查　　　　　　　　(2)特殊體格檢查
(3)一般體格檢查及特殊健康檢查　(4)特殊健康檢查。

(　　) 92. 依職業安全衛生設施規則規定，噪音超過多少分貝之工作場所，應標示並公告噪音危害之預防事項，使勞工周知？　(4)
(1)75　(2)80　(3)85　(4)90。

(　　) 93. 下列何者非屬工作安全分析的目的？　(3)
(1)發現並杜絕工作危害　　　　　(2)確立工作安全所需工具與設備
(3)懲罰犯錯的員工　　　　　　　(4)作為員工在職訓練的參考。

( ) 94. 可能對勞工之心理或精神狀況造成負面影響的狀態,如異常工作壓力、超時工作、語言脅迫或恐嚇等,可歸屬於下列何者管理不當? (3)
(1)職業安全 (2)職業衛生 (3)職業健康 (4)環保。

( ) 95. 有流產病史之孕婦,宜避免相關作業,下列何者為非? (3)
(1)避免砷或鉛的暴露　　　　(2)避免每班站立 7 小時以上之作業
(3)避免提舉 3 公斤重物的職務　　　　(4)避免重體力勞動的職務。

( ) 96. 熱中暑時,易發生下列何現象? (3)
(1)體溫下降 (2)體溫正常 (3)體溫上升 (4)體溫忽高忽低。

( ) 97. 下列何者不會使電路發生過電流? (4)
(1)電氣設備過載 (2)電路短路 (3)電路漏電 (4)電路斷路。

( ) 98. 下列何者較屬安全、尊嚴的職場組織文化? (4)
(1)不斷責備勞工
(2)公開在眾人面前長時間責罵勞工
(3)強求勞工執行業務上明顯不必要或不可能之工作
(4)不過度介入勞工私人事宜。

( ) 99. 下列何者與職場母性健康保護較不相關? (4)
(1)職業安全衛生法
(2)妊娠與分娩後女性及未滿十八歲勞工禁止從事危險性或有害性工作認定標準
(3)性別平等工作法
(4)動力堆高機型式驗證。

( ) 100. 油漆塗裝工程應注意防火防爆事項,以下何者為非? (3)
(1)確實通風　　　　(2)注意電氣火花
(3)緊密門窗以減少溶劑擴散揮發　　　　(4)嚴禁煙火。

工作項目② 工作倫理與職業道德

單選題

(4) 1. 下列何者「違反」個人資料保護法？
(1)公司基於人事管理之特定目的，張貼榮譽榜揭示績優員工姓名
(2)縣市政府提供村里長轄區內符合資格之老人名冊供發放敬老金
(3)網路購物公司為辦理退貨，將客戶之住家地址提供予宅配公司
(4)學校將應屆畢業生之住家地址提供補習班招生使用。

(1) 2. 非公務機關利用個人資料進行行銷時，下列敘述何者「錯誤」？
(1)若已取得當事人書面同意，當事人即不得拒絕利用其個人資料行銷
(2)於首次行銷時，應提供當事人表示拒絕行銷之方式
(3)當事人表示拒絕接受行銷時，應停止利用其個人資料
(4)倘非公務機關違反「應即停止利用其個人資料行銷」之義務，未於限期
內改正者，按次處新臺幣 2 萬元以上 20 萬元以下罰鍰。

(4) 3. 個人資料保護法規定為保護當事人權益，多少位以上的當事人提出告訴，
就可以進行團體訴訟？　(1)5 人　(2)10 人　(3)15 人　(4)20 人。

(2) 4. 關於個人資料保護法之敘述，下列何者「錯誤」？
(1)公務機關執行法定職務必要範圍內，可以蒐集、處理或利用一般性個人
資料
(2)間接蒐集之個人資料，於處理或利用前，不必告知當事人個人資料來源
(3)非公務機關亦應維護個人資料之正確，並主動或依當事人之請求更正或
補充
(4)外國學生在臺灣短期進修或留學，也受到我國個人資料保護法的保障。

(2) 5. 下列關於個人資料保護法的敘述，下列敘述何者錯誤？
(1)不管是否使用電腦處理的個人資料，都受個人資料保護法保護
(2)公務機關依法執行公權力，不受個人資料保護法規範
(3)身分證字號、婚姻、指紋都是個人資料
(4)我的病歷資料雖然是由醫生所撰寫，但也屬於是我的個人資料範圍。

（　）6. 對於依照個人資料保護法應告知之事項，下列何者不在法定應告知的事項 (3)
內？
(1)個人資料利用之期間、地區、對象及方式
(2)蒐集之目的
(3)蒐集機關的負責人姓名
(4)如拒絕提供或提供不正確個人資料將造成之影響。

（　）7. 請問下列何者非爲個人資料保護法第 3 條所規範之當事人權利？ (2)
(1)查詢或請求閱覽　　　　　　　(2)請求刪除他人之資料
(3)請求補充或更正　　　　　　　(4)請求停止蒐集、處理或利用。

（　）8. 下列何者非安全使用電腦內的個人資料檔案的做法？ (4)
(1)利用帳號與密碼登入機制來管理可以存取個資者的人
(2)規範不同人員可讀取的個人資料檔案範圍
(3)個人資料檔案使用完畢後立即退出應用程式，不得留置於電腦中
(4)爲確保重要的個人資料可即時取得，將登入密碼標示在螢幕下方。

（　）9. 下列何者行爲非屬個人資料保護法所稱之國際傳輸？ (1)
(1)將個人資料傳送給經濟部
(2)將個人資料傳送給美國的分公司
(3)將個人資料傳送給法國的人事部門
(4)將個人資料傳送給日本的委託公司。

（　）10. 下列有關智慧財產權行爲之敘述，何者有誤？ (1)
(1)製造、販售仿冒註冊商標的商品不屬於公訴罪之範疇，但已侵害商標權
之行爲
(2)以 101 大樓、美麗華百貨公司做爲拍攝電影的背景，屬於合理使用的範
圍
(3)原作者自行創作某音樂作品後，即可宣稱擁有該作品之著作權
(4)著作權是爲促進文化發展爲目的，所保護的財產權之一。

（　）11. 專利權又可區分爲發明、新型與設計三種專利權，其中發明專利權是否有 (2)
保護期限？期限爲何？
(1)有，5 年　　　　　　(2)有，20 年
(3)有，50 年　　　　　　(4)無期限，只要申請後就永久歸申請人所有。

(　　) 12. 受僱人於職務上所完成之著作，如果沒有特別以契約約定，其著作人為下　(2)
列何者？
(1)雇用人　　　　　　　　　　　(2)受僱人
(3)雇用公司或機關法人代表　　　(4)由雇用人指定之自然人或法人。

(　　) 13. 任職於某公司的程式設計工程師，因職務所編寫之電腦程式，如果沒有特　(1)
別以契約約定，則該電腦程式重製之權利歸屬下列何者？
(1)公司　　　　　　　　　　　　(2)編寫程式之工程師
(3)公司全體股東共有　　　　　　(4)公司與編寫程式之工程師共有。

(　　) 14. 某公司員工因執行業務，擅自以重製之方法侵害他人之著作財產權，若被　(3)
害人提起告訴，下列對於處罰對象的敘述，何者正確？
(1)僅處罰侵犯他人著作財產權之員工
(2)僅處罰雇用該名員工的公司
(3)該名員工及其雇主皆須受罰
(4)員工只要在從事侵犯他人著作財產權之行為前請示雇主並獲同意，便可
以不受處罰。

(　　) 15. 受僱人於職務上所完成之發明、新型或設計，其專利申請權及專利權如未　(1)
特別約定屬於下列何者？
(1)雇用人　(2)受僱人　(3)雇用人所指定之自然人或法人　(4)雇用人與受
僱人共有。

(　　) 16. 任職大發公司的郝聰明，專門從事技術研發，有關研發技術的專利申請權　(4)
及專利權歸屬，下列敘述何者錯誤？
(1)職務上所完成的發明，除契約另有約定外，專利申請權及專利權屬於大
發公司
(2)職務上所完成的發明，雖然專利申請權及專利權屬於大發公司，但是郝
聰明享有姓名表示權
(3)郝聰明完成非職務上的發明，應即以書面通知大發公司
(4)大發公司與郝聰明之雇傭契約約定，郝聰明非職務上的發明，全部屬於
公司，約定有效。

( ) 17. 有關著作權的下列敘述何者不正確？ (3)

(1)我們到表演場所觀看表演時，不可隨便錄音或錄影

(2)到攝影展上，拿相機拍攝展示的作品，分贈給朋友，是侵害著作權的行為

(3)網路上供人下載的免費軟體，都不受著作權法保護，所以我可以燒成大補帖光碟，再去賣給別人

(4)高普考試題，不受著作權法保護。

( ) 18. 有關著作權的下列敘述何者錯誤？ (3)

(1)撰寫碩博士論文時，在合理範圍內引用他人的著作，只要註明出處，不會構成侵害著作權

(2)在網路散布盜版光碟，不管有沒有營利，會構成侵害著作權

(3)在網路的部落格看到一篇文章很棒，只要註明出處，就可以把文章複製在自己的部落格

(4)將補習班老師的上課內容錄音檔，放到網路上拍賣，會構成侵害著作權。

( ) 19. 有關商標權的下列敘述何者錯誤？ (4)

(1)要取得商標權一定要申請商標註冊

(2)商標註冊後可取得 10 年商標權

(3)商標註冊後，3 年不使用，會被廢止商標權

(4)在夜市買的仿冒品，品質不好，上網拍賣，不會構成侵權。

( ) 20. 下列關於營業秘密的敘述，何者不正確？ (1)

(1)受雇人於非職務上研究或開發之營業秘密，仍歸雇用人所有

(2)營業秘密不得爲質權及強制執行之標的

(3)營業秘密所有人得授權他人使用其營業秘密

(4)營業秘密得全部或部分讓與他人或與他人共有。

( ) 21. 甲公司將其新開發受營業秘密法保護之技術，授權乙公司使用，下列何者不得爲之？ (1)

(1)乙公司已獲授權，所以可以未經甲公司同意，再授權丙公司使用

(2)約定授權使用限於一定之地域、時間

(3)約定授權使用限於特定之內容、一定之使用方法

(4)要求被授權人乙公司在一定期間負有保密義務。

(　) 22. 甲公司嚴格保密之最新配方產品大賣，下列何者侵害甲公司之營業秘密？ (3)
(1)鑑定人 A 因司法審理而知悉配方
(2)甲公司授權乙公司使用其配方
(3)甲公司之 B 員工擅自將配方盜賣給乙公司
(4)甲公司與乙公司協議共有配方。

(　) 23. 故意侵害他人之營業秘密，法院因被害人之請求，最高得酌定損害額幾倍 (3)
之賠償？
(1)1 倍　(2)2 倍　(3)3 倍　(4)4 倍。

(　) 24. 受雇者因承辦業務而知悉營業秘密，在離職後對於該營業秘密的處理方 (4)
式，下列敘述何者正確？
(1)聘雇關係解除後便不再負有保障營業秘密之責
(2)僅能自用而不得販售獲取利益
(3)自離職日起 3 年後便不再負有保障營業秘密之責
(4)離職後仍不得洩漏該營業秘密。

(　) 25. 按照現行法律規定，侵害他人營業秘密，其法律責任為： (3)
(1)僅需負刑事責任
(2)僅需負民事損害賠償責任
(3)刑事責任與民事損害賠償責任皆須負擔
(4)刑事責任與民事損害賠償責任皆不須負擔。

(　) 26. 企業內部之營業秘密，可以概分為「商業性營業秘密」及「技術性營業秘 (3)
密」二大類型，請問下列何者屬於「技術性營業秘密」？
(1)人事管理　(2)經銷據點　(3)產品配方　(4)客戶名單。

(　) 27. 某離職同事請求在職員工將離職前所製作之某份文件傳送給他，請問下列 (3)
回應方式何者正確？
(1)由於該項文件係由該離職員工製作，因此可以傳送文件
(2)若其目的僅為保留檔案備份，便可以傳送文件
(3)可能構成對於營業秘密之侵害，應予拒絕並請他直接向公司提出請求
(4)視彼此交情決定是否傳送文件。

（　）28. 行為人以竊取等不正當方法取得營業秘密，下列敘述何者正確？　　　　　　(1)

(1)已構成犯罪

(2)只要後續沒有洩漏便不構成犯罪

(3)只要後續沒有出現使用之行為便不構成犯罪

(4)只要後續沒有造成所有人之損害便不構成犯罪。

（　）29. 針對在我國境內竊取營業秘密後，意圖在外國、中國大陸或港澳地區使用　(3)
者，營業秘密法是否可以適用？

(1)無法適用

(2)可以適用，但若屬未遂犯則不罰

(3)可以適用並加重其刑

(4)能否適用需視該國家或地區與我國是否簽訂相互保護營業秘密之條約
或協定。

（　）30. 所謂營業秘密，係指方法、技術、製程、配方、程式、設計或其他可用於　(4)
生產、銷售或經營之資訊，但其保障所需符合的要件不包括下列何者？

(1)因其秘密性而具有實際之經濟價值者

(2)所有人已採取合理之保密措施者

(3)因其秘密性而具有潛在之經濟價值者

(4)一般涉及該類資訊之人所知者。

（　）31. 因故意或過失而不法侵害他人之營業秘密者，負損害賠償責任該損害賠償　(1)
之請求權，自請求權人知有行為及賠償義務人時起，幾年間不行使就會消
滅？

(1)2 年　　(2)5 年　　(3)7 年　　(4)10 年。

（　）32. 公司負責人為了要節省開銷，將員工薪資以高報低來投保全民健保及勞　(1)
保，是觸犯了刑法上之何種罪刑？

(1)詐欺罪　　(2)侵占罪　　(3)背信罪　　(4)工商秘密罪。

（　）33. A 受僱於公司擔任會計，因自己的財務陷入危機，多次將公司帳款轉入妻　(2)
兒戶頭，是觸犯了刑法上之何種罪刑？

(1)洩漏工商秘密罪　　(2)侵占罪　　(3)詐欺罪　　(4)偽造文書罪。

(　　) 34. 某甲於公司擔任業務經理時，未依規定經董事會同意，私自與自己親友之 (3)
公司訂定生意合約，會觸犯下列何種罪刑？
(1)侵占罪　(2)貪污罪　(3)背信罪　(4)詐欺罪。

(　　) 35. 如果你擔任公司採購的職務，親朋好友們會向你推銷自家的產品，希望你 (1)
要採購時，你應該
(1)適時地婉拒，說明利益需要迴避的考量，請他們見諒
(2)既然是親朋好友，就應該互相幫忙
(3)建議親朋好友將產品折扣，折扣部分歸於自己，就會採購
(4)可以暗中地幫忙親朋好友，進行採購，不要被發現有親友關係便可。

(　　) 36. 小美是公司的業務經理，有一天巧遇國中同班的死黨小林，發現他是公司 (3)
的下游廠商老闆。最近小美處理一件公司的招標案件，小林的公司也在其
中，私下約小美見面，請求她提供這次招標案的底標，並馬上要給予幾十
萬元的前謝金，請問小美該怎麼辦？
(1)退回錢，並告訴小林都是老朋友，一定會全力幫忙
(2)收下錢，將錢拿出來給單位同事們分紅
(3)應該堅決拒絕，並避免每次見面都與小林談論相關業務問題
(4)朋友一場，給他一個比較接近底標的金額，反正又不是正確的，所以沒
　關係。

(　　) 37. 公司發給每人一台平板電腦提供業務上使用，但是發現根本很少在使用， (3)
為了讓它有效的利用，所以將它拿回家給親人使用，這樣的行為是
(1)可以的，這樣就不用花錢買
(2)可以的，反正放在那裡不用它，也是浪費資源
(3)不可以的，因為這是公司的財產，不能私用
(4)不可以的，因為使用年限未到，如果年限到報廢了，便可以拿回家。

(　　) 38. 公司的車子，假日又沒人使用，你是鑰匙保管者，請問假日可以開出去嗎？ (3)
(1)可以，只要付費加油即可
(2)可以，反正假日不影響公務
(3)不可以，因為是公司的，並非私人擁有
(4)不可以，應該是讓公司想要使用的員工，輪流使用才可。

（　）39. 阿哲是財經線的新聞記者，某次採訪中得知 A 公司在一個月內將有一個大 (4)
　　　　的併購案，這個併購案顯示公司的財力，且能讓 A 公司股價往上飆升。請
　　　　問阿哲得知此消息後，可以立刻購買該公司的股票嗎？
　　　　(1)可以，有錢大家賺
　　　　(2)可以，這是我努力獲得的消息
　　　　(3)可以，不賺白不賺
　　　　(4)不可以，屬於內線消息，必須保持記者之操守，不得洩漏。

（　）40. 與公務機關接洽業務時，下列敘述何者「正確」？ (4)
　　　　(1)沒有要求公務員違背職務，花錢疏通而已，並不違法
　　　　(2)唆使公務機關承辦採購人員配合浮報價額，僅屬偽造文書行為
　　　　(3)口頭允諾行賄金額但還沒送錢，尚不構成犯罪
　　　　(4)與公務員同謀之共犯，即便不具公務員身分，仍可依據貪污治罪條例處
　　　　　　刑。

（　）41. 與公務機關有業務往來構成職務利害關係者，下列敘述何者「正確」？ (1)
　　　　(1)將餽贈之財物請公務員父母代轉，該公務員亦已違反規定
　　　　(2)與公務機關承辦人飲宴應酬為增進基本關係的必要方法
　　　　(3)高級茶葉低價售予有利害關係之承辦公務員，有價購行為就不算違反法
　　　　　　規
　　　　(4)機關公務員藉子女婚宴廣邀業務往來廠商之行為，並無不妥。

（　）42. 廠商某甲承攬公共工程，工程進行期間，甲與其工程人員經常招待該公共 (4)
　　　　工程委辦機關之監工及驗收之公務員喝花酒或招待出國旅遊，下列敘述何
　　　　者正確？
　　　　(1)公務員若沒有收現金，就沒有罪
　　　　(2)只要工程沒有問題，某甲與監工及驗收等相關公務員就沒有犯罪
　　　　(3)因為不是送錢，所以都沒有犯罪
　　　　(4)某甲與相關公務員均已涉嫌觸犯貪污治罪條例。

（　）43. 行（受）賄罪成立要素之一為具有對價關係，而作為公務員職務之對價有 (1)
　　　　「賄賂」或「不正利益」，下列何者「不」屬於「賄賂」或「不正利益」？
　　　　(1)開工邀請公務員觀禮　　　　　　　　(2)送百貨公司大額禮券
　　　　(3)免除債務　　　　　　　　　　　　　(4)招待吃米其林等級之高檔大餐。

（　）44. 下列有關貪腐的敘述何者錯誤？ (4)
(1)貪腐會危害永續發展和法治　　　　(2)貪腐會破壞民主體制及價值觀
(3)貪腐會破壞倫理道德與正義　　　　(4)貪腐有助降低企業的經營成本。

（　）45. 下列何者不是設置反貪腐專責機構須具備的必要條件？ (4)
(1)賦予該機構必要的獨立性
(2)使該機構的工作人員行使職權不會受到不當干預
(3)提供該機構必要的資源、專職工作人員及必要培訓
(4)賦予該機構的工作人員有權力可隨時逮捕貪污嫌疑人。

（　）46. 檢舉人向有偵查權機關或政風機構檢舉貪污瀆職，必須於何時為之始可能 (2)
給與獎金？
(1)犯罪未起訴前　(2)犯罪未發覺前　(3)犯罪未遂前　(4)預備犯罪前。

（　）47. 檢舉人應以何種方式檢舉貪污瀆職始能核給獎金？ (3)
(1)匿名　(2)委託他人檢舉　(3)以真實姓名檢舉　(4)以他人名義檢舉。

（　）48. 我國制定何種法律以保護刑事案件之證人，使其勇於出面作證，俾利犯罪 (4)
之偵查、審判？
(1)貪污治罪條例　(2)刑事訴訟法　(3)行政程序法　(4)證人保護法。

（　）49. 下列何者「非」屬公司對於企業社會責任實踐之原則？ (1)
(1)加強個人資料揭露　　　　　　　　(2)維護社會公益
(3)發展永續環境　　　　　　　　　　(4)落實公司治理。

（　）50. 下列何者「不」屬於職業素養的範疇？ (1)
(1)獲利能力　　　　　　　　　　　　(2)正確的職業價值觀
(3)職業知識技能　　　　　　　　　　(4)良好的職業行為習慣。

（　）51. 下列何者符合專業人員的職業道德？ (4)
(1)未經雇主同意，於上班時間從事私人事務
(2)利用雇主的機具設備私自接單生產
(3)未經顧客同意，任意散佈或利用顧客資料
(4)盡力維護雇主及客戶的權益。

( ) 52. 身為公司員工必須維護公司利益，下列何者是正確的工作態度或行為？ (4)
(1)將公司逾期的產品更改標籤
(2)施工時以省時、省料為獲利首要考量，不顧品質
(3)服務時首先考慮公司的利益，然後再考量顧客權益
(4)工作時謹守本分，以積極態度解決問題。

( ) 53. 身為專業技術工作人士，應以何種認知及態度服務客戶？ (3)
(1)若客戶不瞭解，就儘量減少成本支出，抬高報價
(2)遇到維修問題，儘量拖過保固期
(3)主動告知可能碰到問題及預防方法
(4)隨著個人心情來提供服務的內容及品質。

( ) 54. 因為工作本身需要高度專業技術及知識，所以在對客戶服務時應如何？ (2)
(1)不用理會顧客的意見
(2)保持親切、真誠、客戶至上的態度
(3)若價錢較低，就敷衍了事
(4)以專業機密為由，不用對客戶說明及解釋。

( ) 55. 從事專業性工作，在與客戶約定時間應 (2)
(1)保持彈性，任意調整
(2)儘可能準時，依約定時間完成工作
(3)能拖就拖，能改就改
(4)自己方便就好，不必理會客戶的要求。

( ) 56. 從事專業性工作，在服務顧客時應有的態度為何？ (1)
(1)選擇最安全、經濟及有效的方法完成工作
(2)選擇工時較長、獲利較多的方法服務客戶
(3)為了降低成本，可以降低安全標準
(4)不必顧及雇主和顧客的立場。

( ) 57. 以下那一項員工的作為符合敬業精神？ (4)
(1)利用正常工作時間從事私人事務
(2)運用雇主的資源，從事個人工作
(3)未經雇主同意擅離工作崗位
(4)謹守職場紀律及禮節，尊重客戶隱私。

( ) 58. 小張獲選爲小孩學校的家長會長，這個月要召開會議，沒時間準備資料， (3)
所以，利用上班期間有空檔非休息時間來完成，請問是否可以？
(1)可以，因爲不耽誤他的工作
(2)可以，因爲他能力好，能夠同時完成很多事
(3)不可以，因爲這是私事，不可以利用上班時間完成
(4)可以，只要不要被發現。

( ) 59. 小吳是公司的專用司機，爲了能夠隨時用車，經過公司同意，每晚都將公 (2)
司的車開回家，然而，他發現反正每天上班路線，都要經過女兒學校，就
順便載女兒上學，請問可以嗎？
(1)可以，反正順路 (2)不可以，這是公司的車不能私用
(3)可以，只要不被公司發現即可 (4)可以，要資源須有效使用。

( ) 60. 彦江是職場上的新鮮人，剛進公司不久，他應該具備怎樣的態度 (4)
(1)上班、下班，管好自己便可
(2)仔細觀察公司生態，加入某些小團體，以做爲後盾
(3)只要做好人脈關係，這樣以後就好辦事
(4)努力做好自己職掌的業務，樂於工作，與同事之間有良好的互動，相互
協助。

( ) 61. 在公司內部行使商務禮儀的過程，主要以參與者在公司中的何種條件來訂 (4)
定順序？
(1)年齡 (2)性別 (3)社會地位 (4)職位。

( ) 62. 一位職場新鮮人剛進公司時，良好的工作態度是 (1)
(1)多觀察、多學習，了解企業文化和價值觀
(2)多打聽哪一個部門比較輕鬆，升遷機會較多
(3)多探聽哪一個公司在找人，隨時準備跳槽走人
(4)多遊走各部門認識同事，建立自己的小圈圈。

( ) 63. 根據消除對婦女一切形式歧視公約(CEDAW)，下列何者正確？ (1)
(1)對婦女的歧視指基於性別而作的任何區別、排斥或限制
(2)只關心女性在政治方面的人權和基本自由
(3)未要求政府需消除個人或企業對女性的歧視
(4)傳統習俗應予保護及傳承，即使含有歧視女性的部分，也不可以改變。

( ) 64. 某規範明定地政機關進用女性測量助理名額，不得超過該機關測量助理名額總數二分之一，根據消除對婦女一切形式歧視公約(CEDAW)，下列何者正確？ (1)

(1)限制女性測量助理人數比例，屬於直接歧視

(2)土地測量經常在戶外工作，基於保護女性所作的限制，不屬性別歧視

(3)此項二分之一規定是為促進男女比例平衡

(4)此限制是為確保機關業務順暢推動，並未歧視女性。

( ) 65. 根據消除對婦女一切形式歧視公約(CEDAW)之間接歧視意涵，下列何者錯誤？ (4)

(1)一項法律、政策、方案或措施表面上對男性和女性無任何歧視，但實際上卻產生歧視女性的效果

(2)察覺間接歧視的一個方法，是善加利用性別統計與性別分析

(3)如果未正視歧視之結構和歷史模式，及忽略男女權力關係之不平等，可能使現有不平等狀況更為惡化

(4)不論在任何情況下，只要以相同方式對待男性和女性，就能避免間接歧視之產生。

( ) 66. 下列何者「不是」菸害防制法之立法目的？ (4)

(1)防制菸害 (2)保護未成年免於菸害

(3)保護孕婦免於菸害 (4)促進菸品的使用。

( ) 67. 按菸害防制法規定，對於在禁菸場所吸菸會被罰多少錢？ (1)

(1)新臺幣 2 千元至 1 萬元罰鍰 (2)新臺幣 1 千元至 5 千元罰鍰

(3)新臺幣 1 萬元至 5 萬元罰鍰 (4)新臺幣 2 萬元至 10 萬元罰鍰。

( ) 68. 請問下列何者「不是」個人資料保護法所定義的個人資料？ (3)

(1)身分證號碼　(2)最高學歷　(3)職稱　(4)護照號碼。

( ) 69. 有關專利權的敘述，何者正確？ (1)

(1)專利有規定保護年限，當某商品、技術的專利保護年限屆滿，任何人皆可免費運用該項專利

(2)我發明了某項商品，卻被他人率先申請專利權，我仍可主張擁有這項商品的專利權

(3)製造方法可以申請新型專利權

(4)在本國申請專利之商品進軍國外，不需向他國申請專利權。

(　) 70. 下列何者行為會有侵害著作權的問題？ (4)

(1)將報導事件事實的新聞文字轉貼於自己的社群網站

(2)直接轉貼高普考考古題在 FACEBOOK

(3)以分享網址的方式轉貼資訊分享於社群網站

(4)將講師的授課內容錄音，複製多份分贈友人。

(　) 71. 下列有關著作權之概念，何者正確？ (1)

(1)國外學者之著作，可受我國著作權法的保護

(2)公務機關所函頒之公文，受我國著作權法的保護

(3)著作權要待向智慧財產權申請通過後才可主張

(4)以傳達事實之新聞報導的語文著作，依然受著作權之保障。

(　) 72. 某廠商之商標在我國已經獲准註冊，請問若希望將商品行銷販賣到國外， (1)
請問是否需在當地申請註冊才能主張商標權？

(1)是，因為商標權註冊採取屬地保護原則

(2)否，因為我國申請註冊之商標權在國外也會受到承認

(3)不一定，需視我國是否與商品希望行銷販賣的國家訂有相互商標承認之
協定

(4)不一定，需視商品希望行銷販賣的國家是否為 WTO 會員國。

(　) 73. 下列何者「非」屬於營業秘密？　(1)具廣告性質的不動產交易底價　(2) (1)
須授權取得之產品設計或開發流程圖示　(3)公司內部管制的各種計畫方
案　(4)不是公開可查知的客戶名單分析資料。

(　) 74. 營業秘密可分為「技術機密」與「商業機密」，下列何者屬於「商業機密」？ (3)
(1)程式　(2)設計圖　(3)商業策略　(4)生產製程。

(　) 75. 某甲在公務機關擔任首長，其弟弟乙是某協會的理事長，乙為舉辦協會活 (3)
動，決定向甲服務的機關申請經費補助，下列有關利益衝突迴避之敘述，
何者正確？　(1)協會是舉辦慈善活動，甲認為是好事，所以指示機關承辦
人補助活動經費　(2)機關未經公開公平方式，私下直接對協會補助活動經
費新臺幣 10 萬元　(3)甲應自行迴避該案審查，避免瓜田李下，防止利益
衝突　(4)乙為順利取得補助，應該隱瞞是機關首長甲之弟弟的身分。

(　) 76. 依公職人員利益衝突迴避法規定，公職人員甲與其小舅子乙（二親等以內 (3)
　　　　的關係人）間，下列何種行為不違反該法？ 　(1)甲要求受其監督之機關聘
　　　　用小舅子乙 　(2)小舅子乙以請託關說之方式，請求甲之服務機關通過其名
　　　　下農地變更使用申請案 　(3)關係人乙經政府採購法公開招標程序，並主動
　　　　在投標文件表明與甲的身分關係，取得甲服務機關之年度採購標案 　(4)
　　　　甲、乙兩人均自認為人公正，處事坦蕩，任何往來都是清者自清，不需擔
　　　　心任何問題。

(　) 77. 大雄擔任公司部門主管，代表公司向公務機關投標，為使公司順利取得標 (3)
　　　　案，可以向公務機關的採購人員為以下何種行為？ 　(1)為社交禮俗需要，
　　　　贈送價值昂貴的名牌手錶作為見面禮 　(2)為與公務機關間有良好互動，招
　　　　待至有女陪侍場所飲宴 　(3)為了解招標文件內容，提出招標文件疑義並請
　　　　說明 　(4)為避免報價錯誤，要求提供底價作為參考。

(　) 78. 下列關於政府採購人員之敘述，何者未違反相關規定？ 　(1)非主動向廠商 (1)
　　　　求取，是偶發地收到廠商致贈價值在新臺幣 500 元以下之廣告物、促銷品、
　　　　紀念品 　(2)要求廠商提供與採購無關之額外服務 　(3)利用職務關係向廠
　　　　商借貸 　(4)利用職務關係媒介親友至廠商處所任職。

(　) 79. 下列何者有誤？ 　(1)憲法保障言論自由，但散布假新聞、假消息仍須面對 (4)
　　　　法律責任 　(2)在網路或 Line 社群網站收到假訊息，可以敘明案情並附加
　　　　截圖檔，向法務部調查局檢舉 　(3)對新聞媒體報導有意見，向國家通訊傳
　　　　播委員會申訴 　(4)自己或他人捏造、扭曲、竄改或虛構的訊息，只要一小
　　　　部分能證明是真的，就不會構成假訊息。

(　) 80. 下列敘述何者正確？ 　(1)公務機關委託的代檢（代驗）業者，不是公務員， (4)
　　　　不會觸犯到刑法的罪責 　(2)賄賂或不正利益，只限於法定貨幣，給予網路
　　　　遊戲幣沒有違法的問題 　(3)在靠北公務員社群網站，覺得可受公評且匿名
　　　　發文，就可以謾罵公務機關對特定案件的檢查情形 　(4)受公務機關委託辦
　　　　理案件，除履行採購契約應辦事項外，對於蒐集到的個人資料，也要遵守
　　　　相關保護及保密規定。

(　)81. 下列有關促進參與及預防貪腐的敘述何者錯誤？　(1)我國非聯合國會員 (1)
國，無須落實聯合國反貪腐公約規定　(2)推動政府部門以外之個人及團體
積極參與預防和打擊貪腐　(3)提高決策過程之透明度，並促進公眾在決策
過程中發揮作用　(4)對公職人員訂定執行公務之行為守則或標準。

(　)82. 為建立良好之公司治理制度，公司內部宜納入何種檢舉人制度？ (2)
(1)告訴乃論制度　(2)吹哨者（whistleblower）保護程序及保護制度
(3)不告不理制度　(4)非告訴乃論制度。

(　)83. 有關公司訂定誠信經營守則時，以下何者不正確？ (4)
(1)避免與涉有不誠信行為者進行交易　(2)防範侵害營業秘密、商標權、
專利權、著作權及其他智慧財產權　(3)建立有效之會計制度及內部控制制
度　(4)防範檢舉。

(　)84. 乘坐轎車時，如有司機駕駛，按照國際乘車禮儀，以司機的方位來看，首 (1)
位應為
(1)後排右側　(2)前座右側　(3)後排左側　(4)後排中間。

(　)85. 今天好友突然來電，想來個「說走就走的旅行」，因此，無法去上班，下 (4)
列何者作法不適當？　(1)打電話給主管與人事部門請假　(2)用 LINE 傳
訊息給主管，並確認讀取且有回覆　(3)發送 E-MAIL 給主管與人事部門，
並收到回覆　(4)什麼都無需做，等公司打電話來卻認後，再告知即可。

(　)86. 每天下班回家後，就懶得再出門去買菜，利用上班時間瀏覽線上購物網 (4)
站，發現有很多限時搶購的便宜商品，還能在下班前就可以送到公司，下
班順便帶回家，省掉好多時間，請問下列何者最適當？
(1)可以，又沒離開工作崗位，且能節省時間　(2)可以，還能介紹同事一
同團購，省更多的錢，增進同事情誼　(3)不可以，應該把商品寄回家，不
是公司　(4)不可以，上班不能從事個人私務，應該等下班後再網路購物。

(　)87. 宜樺家中養了一隻貓，由於最近生病，獸醫師建議要有人一直陪牠，這樣 (4)
會恢復快一點，因為上班家裡都沒人，所以準備帶牠到辦公室一起上班，
請問下列何者最適當？　(1)可以，只要我放在寵物箱，不要影響工作即可
(2)可以，同事們都答應也不反對　(3)可以，雖然貓會發出聲音，大小便
有異味，只要處理好不影響工作即可　(4)不可以，建議送至專門機構照
護，以免影響工作。

（　）88. 根據性別平等工作法，下列何者非屬職場性騷擾？　(1)公司員工執行職務 (4)
時，客戶對其講黃色笑話，該員工感覺被冒犯　(2)雇主對求職者要求交
往，作為僱用與否之交換條件　(3)公司員工執行職務時，遭到同事以「女
人就是沒大腦」性別歧視用語加以辱罵，該員工感覺其人格尊嚴受損　(4)
公司員工下班後搭乘捷運，在捷運上遭到其他乘客偷拍。

（　）89. 根據性別平等工作法，下列何者非屬職場性別歧視？ (4)
(1)雇主考量男性賺錢養家之社會期待，提供男性高於女性之薪資　(2)雇
主考量女性以家庭為重之社會期待，裁員時優先資遣女性　(3)雇主事先與
員工約定倘其有懷孕之情事，必須離職　(4)有未滿 2 歲子女之男性員工，
也可申請每日六十分鐘的哺乳時間。

（　）90. 根據性別平等工作法，有關雇主防治性騷擾之責任與罰則，下列何者錯 (3)
誤？　(1)僱用受僱者 30 人以上者，應訂定性騷擾防治措施、申訴及懲戒
辦法　(2)雇主知悉性騷擾發生時，應採取立即有效之糾正及補救措施
(3)雇主違反應訂定性騷擾防治措施之規定時，處以罰鍰即可，不用公布其
姓名　(4)雇主違反應訂定性騷擾申訴管道者，應限期令其改善，屆期未改
善者，應按次處罰。

（　）91. 根據性騷擾防治法，有關性騷擾之責任與罰則，下列何者錯誤？ (1)
(1)對他人為性騷擾者，如果沒有造成他人財產上之損失，就無需負擔金錢
賠償之責任　(2)對於因教育、訓練、醫療、公務、業務、求職，受自己監
督、照護之人，利用權勢或機會為性騷擾者，得加重科處罰鍰至二分之一
(3)意圖性騷擾，乘人不及抗拒而為親吻、擁抱或觸摸其臀部、胸部或其他
身體隱私處之行為者，處 2 年以下有期徒刑、拘役或科或併科 10 萬元以
下罰金　(4)對他人為權勢性騷擾以外之性騷擾者，由直轄市、縣（市）主
管機關處 1 萬元以上 10 萬元以下罰鍰。

（　）92. 根據性別平等工作法規範職場性騷擾範疇，下列何者為「非」？ (3)
(1)上班執行職務時，任何人以性要求、具有性意味或性別歧視之言詞或行
為，造成敵意性、脅迫性或冒犯性之工作環境　(2)對僱用、求職或執行職
務關係受自己指揮、監督之人，利用權勢或機會為性騷擾　(3)下班回家時
被陌生人以盯梢、守候、尾隨跟蹤　(4)雇主對受僱者或求職者為明示或暗
示之性要求、具有性意味或性別歧視之言詞或行為。

(　) 93. 根據消除對婦女一切形式歧視公約（CEDAW）之直接歧視及間接歧視意 (3)
涵，下列何者錯誤？　(1)老闆得知小黃懷孕後，故意將小黃調任薪資待遇
較差的工作，意圖使其自行離開職場，小黃老闆的行為是直接歧視　(2)
某餐廳於網路上招募外場服務生，條件以未婚年輕女性優先錄取，明顯以
性或性別差異為由所實施的差別待遇，為直接歧視　(3)某公司員工值班注
意事項排除女性員工參與夜間輪值，是考量女性有人身安全及家庭照顧等
需求，為維護女性權益之措施，非直接歧視　(4)某科技公司規定男女員工
之加班時數上限及加班費或津貼不同，認為女性能力有限，且無法長時間
工作，限制女性獲取薪資及升遷機會，這規定是直接歧視。

(　) 94. 目前菸害防制法規範，「不可販賣菸品」給幾歲以下的人？ (1)
(1)20　(2)19　(3)18　(4)17。

(　) 95. 按菸害防制法規定，下列敘述何者錯誤？ (1)
(1)只有老闆、店員才可以出面勸阻在禁菸場所抽菸的人　(2)任何人都可
以出面勸阻在禁菸場所抽菸的人　(3)餐廳、旅館設置室內吸菸室，需經專
業技師簽證核可　(4)加油站屬易燃易爆場所，任何人都可以勸阻在禁菸場
所抽菸的人。

(　) 96. 關於菸品對人體危害的敘述，下列何者「正確」？ (3)
(1)只要開電風扇、或是抽風機就可以去除菸霧中的有害物質　(2)指定菸
品（如：加熱菸）只要通過健康風險評估，就不會危害健康，因此工作時
如果想吸菸，就可以在職場拿出來使用　(3)雖然自己不吸菸，同事在旁邊
吸菸，就會增加自己得肺癌的機率　(4)只要不將菸吸入肺部，就不會對身
體造成傷害。

(　) 97. 職場禁菸的好處不包括　(1)降低吸菸者的菸品使用量，有助於減少吸菸導 (4)
致的健康危害　(2)避免同事因為被動吸菸而生病　(3)讓吸菸者菸癮降
低，戒菸較容易成功　(4)吸菸者不能抽菸會影響工作效率。

(　) 98. 大多數的吸菸者都嘗試過戒菸，但是很少自己戒菸成功。吸菸的同事要戒 (4)
菸，怎樣建議他是無效的？　(1)鼓勵他撥打戒菸專線 0800-63-63-63，取
得相關建議與協助　(2)建議他到醫療院所、社區藥局找藥物戒菸　(3)建
議他參加醫院或衛生所辦理的戒菸班　(4)戒菸是自己意願的問題，想戒就
可以戒了不用尋求協助。

( ) 99. 禁菸場所負責人未於場所入口處設置明顯禁菸標示，要罰該場所負責人多 (2)
少元？
(1)2 千-1 萬　(2)1 萬-5 萬　(3)1 萬-25 萬　(4)20 萬-100 萬。

( ) 100. 目前電子煙是非法的，下列對電子煙的敘述，何者錯誤？ (3)
(1)跟吸菸一樣會成癮
(2)會有爆炸危險
(3)沒有燃燒的菸草，不會造成身體傷害
(4)可能造成嚴重肺損傷。

工作項目③ 環境保護

單選題

(　) 1.　世界環境日是在每一年的那一日？　　　　　　　　　　　　　　　　　　(1)
　　　　　(1)6 月 5 日　(2)4 月 10 日　(3)3 月 8 日　(4)11 月 12 日。

(　) 2.　2015 年巴黎協議之目的為何？　　　　　　　　　　　　　　　　　　　　(3)
　　　　　(1)避免臭氧層破壞　　　　　　　　　(2)減少持久性污染物排放
　　　　　(3)遏阻全球暖化趨勢　　　　　　　　(4)生物多樣性保育。

(　) 3.　下列何者為環境保護的正確作為？　　　　　　　　　　　　　　　　　　(3)
　　　　　(1)多吃肉少蔬食　(2)自己開車不共乘　(3)鐵馬步行　(4)不隨手關燈。

(　) 4.　下列何種行為對生態環境會造成較大的衝擊？　　　　　　　　　　　　　(2)
　　　　　(1)種植原生樹木　　　　　　　　　　(2)引進外來物種
　　　　　(3)設立國家公園　　　　　　　　　　(4)設立自然保護區。

(　) 5.　下列哪一種飲食習慣能減碳抗暖化？　　　　　　　　　　　　　　　　　(2)
　　　　　(1)多吃速食　(2)多吃天然蔬果　(3)多吃牛肉　(4)多選擇吃到飽的餐館。

(　) 6.　飼主遛狗時，其狗在道路或其他公共場所便溺時，下列何者應優先負清除　(1)
　　　　　責任？
　　　　　(1)主人　(2)清潔隊　(3)警察　(4)土地所有權人。

(　) 7.　外食自備餐具是落實綠色消費的哪一項表現？　　　　　　　　　　　　　(1)
　　　　　(1)重複使用　(2)回收再生　(3)環保選購　(4)降低成本。

(　) 8.　再生能源一般是指可永續利用之能源，主要包括哪些：A.化石燃料 B.風力　(2)
　　　　　C.太陽能 D.水力？
　　　　　(1)ACD　(2)BCD　(3)ABD　(4)ABCD。

(　) 9.　依環境基本法第 3 條規定，基於國家長期利益，經濟、科技及社會發展均　(4)
　　　　　應兼顧環境保護。但如果經濟、科技及社會發展對環境有嚴重不良影響或
　　　　　有危害時，應以何者優先？
　　　　　(1)經濟　(2)科技　(3)社會　(4)環境。

(　) 10.　森林面積的減少甚至消失可能導致哪些影響：A.水資源減少 B.減緩全球暖　(1)
化 C.加劇全球暖化 D.降低生物多樣性？
(1)ACD　(2)BCD　(3)ABD　(4)ABCD。

(　) 11.　塑膠爲海洋生態的殺手，所以政府推動「無塑海洋」政策，下列何項不是　(3)
減少塑膠危害海洋生態的重要措施？
(1)擴大禁止免費供應塑膠袋
(2)禁止製造、進口及販售含塑膠柔珠的清潔用品
(3)定期進行海水水質監測
(4)淨灘、淨海。

(　) 12.　違反環境保護法律或自治條例之行政法上義務，經處分機關處停工、停業　(2)
處分或處新臺幣五千元以上罰鍰者，應接受下列何種講習？
(1)道路交通安全講習　(2)環境講習　(3)衛生講習　(4)消防講習。

(　) 13.　下列何者爲環保標章？　(1)

(1) 　 (2) 　 (3) 　 (4) CO₂ Carbon Footprint Taiwan EPA 。

(　) 14.　「聖嬰現象」是指哪一區域的溫度異常升高？　(2)
(1)西太平洋表層海水　　　　　　　(2)東太平洋表層海水
(3)西印度洋表層海水　　　　　　　(4)東印度洋表層海水。

(　) 15.　「酸雨」定義爲雨水酸鹼值達多少以下時稱之？　(1)
(1)5.0　(2)6.0　(3)7.0　(4)8.0。

(　) 16.　一般而言，水中溶氧量隨水溫之上升而呈下列哪一種趨勢？　(2)
(1)增加　(2)減少　(3)不變　(4)不一定。

(　) 17.　二手菸中包含多種危害人體的化學物質，甚至多種物質有致癌性，會危害　(4)
到下列何者的健康？
(1)只對 12 歲以下孩童有影響　　　　(2)只對孕婦比較有影響
(3)只有 65 歲以上之民眾有影響　　　(4)全民皆有影響。

（　　）18. 二氧化碳和其他溫室氣體含量增加是造成全球暖化的主因之一，下列何種　(2)
飲食方式也能降低碳排放量，對環境保護做出貢獻：A.少吃肉，多吃蔬菜；
B.玉米產量減少時，購買玉米罐頭食用；C.選擇當地食材；D.使用免洗餐
具，減少清洗用水與清潔劑？
(1)AB　(2)AC　(3)AD　(4)ACD。

（　　）19. 上下班的交通方式有很多種，其中包括：A.騎腳踏車；B.搭乘大眾交通工　(1)
具；C.自行開車，請將前述幾種交通方式之單位排碳量由少至多之排列方
式為何？
(1)ABC　(2)ACB　(3)BAC　(4)CBA。

（　　）20. 下列何者「不是」室內空氣污染源？　(3)
(1)建材　(2)辦公室事務機　(3)廢紙回收箱　(4)油漆及塗料。

（　　）21. 下列何者不是自來水消毒採用的方式？　(4)
(1)加入臭氧　(2)加入氯氣　(3)紫外線消毒　(4)加入二氧化碳。

（　　）22. 下列何者不是造成全球暖化的元凶？　(4)
(1)汽機車排放的廢氣　　　　　　　(2)工廠所排放的廢氣
(3)火力發電廠所排放的廢氣　　　　(4)種植樹木。

（　　）23. 下列何者不是造成臺灣水資源減少的主要因素？　(2)
(1)超抽地下水　(2)雨水酸化　(3)水庫淤積　(4)濫用水資源。

（　　）24. 下列何者是海洋受污染的現象？　(1)
(1)形成紅潮　(2)形成黑潮　(3)溫室效應　(4)臭氧層破洞。

（　　）25. 水中生化需氧量(BOD)愈高，其所代表的意義為下列何者？　(2)
(1)水為硬水　　　　　　　　　　　(2)有機污染物多
(3)水質偏酸　　　　　　　　　　　(4)分解污染物時不需消耗太多氧。

（　　）26. 下列何者是酸雨對環境的影響？　(1)
(1)湖泊水質酸化　　　　　　　　　(2)增加森林生長速度
(3)土壤肥沃　　　　　　　　　　　(4)增加水生動物種類。

（　　）27. 下列那一項水質濃度降低會導致河川魚類大量死亡？　(2)
(1)氨氮　(2)溶氧　(3)二氧化碳　(4)生化需氧量。

(　) 28. 下列何種生活小習慣的改變可減少細懸浮微粒(PM2.5)排放，共同為改善空氣品質盡一份心力？　(1)

(1)少吃燒烤食物　　　　　　　(2)使用吸塵器

(3)養成運動習慣　　　　　　　(4)每天喝 500cc 的水。

(　) 29. 下列哪種措施不能用來降低空氣污染？　(4)

(1)汽機車強制定期排氣檢測　　(2)汰換老舊柴油車

(3)禁止露天燃燒稻草　　　　　(4)汽機車加裝消音器。

(　) 30. 大氣層中臭氧層有何作用？　(3)

(1)保持溫度　　　　　　　　　(2)對流最旺盛的區域

(3)吸收紫外線　　　　　　　　(4)造成光害。

(　) 31. 小李具有乙級廢水專責人員證照，某工廠希望以高價租用證照的方式合作，請問下列何者正確？　(1)

(1)這是違法行為　　　　　　　(2)互蒙其利

(3)價錢合理即可　　　　　　　(4)經環保局同意即可。

(　) 32. 可藉由下列何者改善河川水質且兼具提供動植物良好棲地環境？　(2)

(1)運動公園　(2)人工溼地　(3)滯洪池　(4)水庫。

(　) 33. 台灣自來水之水源主要取自　(2)

(1)海洋的水　(2)河川或水庫的水　(3)綠洲的水　(4)灌溉渠道的水。

(　) 34. 目前市面清潔劑均會強調「無磷」，是因為含磷的清潔劑使用後，若廢水排至河川或湖泊等水域會造成甚麼影響？　(2)

(1)綠牡蠣　(2)優養化　(3)秘雕魚　(4)烏腳病。

(　) 35. 冰箱在廢棄回收時應特別注意哪一項物質，以避免逸散至大氣中造成臭氧層的破壞？　(1)

(1)冷媒　(2)甲醛　(3)汞　(4)苯。

(　) 36. 下列何者不是噪音的危害所造成的現象？　(1)

(1)精神很集中　(2)煩躁、失眠　(3)緊張、焦慮　(4)工作效率低落。

(　) 37. 我國移動污染源空氣污染防制費的徵收機制為何？　(2)

(1)依車輛里程數計費　　　　　(2)隨油品銷售徵收

(3)依牌照徵收　　　　　　　　(4)依照排氣量徵收。

(　　) 38. 室內裝潢時，若不謹慎選擇建材，將會逸散出氣狀污染物。其中會刺激皮　(2)
膚、眼、鼻和呼吸道，也是致癌物質，可能爲下列哪一種污染物？
(1)臭氧　(2)甲醛　(3)氟氯碳化合物　(4)二氧化碳。

(　　) 39. 高速公路旁常見有農田違法焚燒稻草，除易產生濃煙影響行車安全外，也　(1)
會產生下列何種空氣污染物對人體健康造成不良的作用？
(1)懸浮微粒　(2)二氧化碳(CO_2)　(3)臭氧(O_3)　(4)沼氣。

(　　) 40. 都市中常產生的「熱島效應」會造成何種影響？　(2)
(1)增加降雨　　　　　　　　　　　(2)空氣污染物不易擴散
(3)空氣污染物易擴散　　　　　　　(4)溫度降低。

(　　) 41. 下列何者不是藉由蚊蟲傳染的疾病？　(4)
(1)日本腦炎　(2)瘧疾　(3)登革熱　(4)痢疾。

(　　) 42. 下列何者非屬資源回收分類項目中「廢紙類」的回收物？　(4)
(1)報紙　(2)雜誌　(3)紙袋　(4)用過的衛生紙。

(　　) 43. 下列何者對飲用瓶裝水之形容是正確的：A.飲用後之寶特瓶容器爲地球增　(1)
加了一個廢棄物；B.運送瓶裝水時卡車會排放空氣污染物；C.瓶裝水一定
比經煮沸之自來水安全衛生？
(1)AB　(2)BC　(3)AC　(4)ABC。

(　　) 44. 下列哪一項是我們在家中常見的環境衛生用藥？　(2)
(1)體香劑　(2)殺蟲劑　(3)洗滌劑　(4)乾燥劑。

(　　) 45. 下列哪一種是公告應回收廢棄物中的容器類：A.廢鋁箔包　B.廢紙容器　C.　(1)
寶特瓶？
(1)ABC　(2)AC　(3)BC　(4)C。

(　　) 46. 小明拿到「垃圾強制分類」的宣導海報，標語寫著「分 3 類，好 OK」，　(4)
標語中的分 3 類是指家戶日常生活中產生的垃圾可以區分哪三類？
(1)資源垃圾、廚餘、事業廢棄物
(2)資源垃圾、一般廢棄物、事業廢棄物
(3)一般廢棄物、事業廢棄物、放射性廢棄物
(4)資源垃圾、廚餘、一般垃圾。

(　) 47. 家裡有過期的藥品，請問這些藥品要如何處理？　(2)

(1)倒入馬桶沖掉　　　　　　　　(2)交由藥局回收

(3)繼續服用　　　　　　　　　　(4)送給相同疾病的朋友。

(　) 48. 台灣西部海岸曾發生的綠牡蠣事件是與下列何種物質污染水體有關？　(2)

(1)汞　(2)銅　(3)磷　(4)鎘。

(　) 49. 在生物鏈越上端的物種其體內累積持久性有機污染物(POPs)濃度將越　(4)
高，危害性也將越大，這是說明 POPs 具有下列何種特性？

(1)持久性　(2)半揮發性　(3)高毒性　(4)生物累積性。

(　) 50. 有關小黑蚊敘述下列何者為非？　(3)

(1)活動時間以中午十二點到下午三點為活動高峰期

(2)小黑蚊的幼蟲以腐植質、青苔和藻類為食

(3)無論雄性或雌性皆會吸食哺乳類動物血液

(4)多存在竹林、灌木叢、雜草叢、果園等邊緣地帶等處。

(　) 51. 利用垃圾焚化廠處理垃圾的最主要優點為何？　(1)

(1)減少處理後的垃圾體積　　　　(2)去除垃圾中所有毒物

(3)減少空氣污染　　　　　　　　(4)減少處理垃圾的程序。

(　) 52. 利用豬隻的排泄物當燃料發電，是屬於下列那一種能源？　(3)

(1)地熱能　(2)太陽能　(3)生質能　(4)核能。

(　) 53. 每個人日常生活皆會產生垃圾，下列何種處理垃圾的觀念與方式是不正確　(2)
的？

(1)垃圾分類，使資源回收再利用

(2)所有垃圾皆掩埋處理，垃圾將會自然分解

(3)廚餘回收堆肥後製成肥料

(4)可燃性垃圾經焚化燃燒可有效減少垃圾體積。

(　) 54. 防治蚊蟲最好的方法是　(2)

(1)使用殺蟲劑　(2)清除孳生源　(3)網子捕捉　(4)拍打。

(　) 55. 室內裝修業者承攬裝修工程，工程中所產生的廢棄物應該如何處理？　(1)

(1)委託合法清除機構清運　　　　(2)倒在偏遠山坡地

(3)河岸邊掩埋　　　　　　　　　(4)交給清潔隊垃圾車。

( ) 56. 若使用後的廢電池未經回收，直接廢棄所含重金屬物質曝露於環境中可能 (1)
產生那些影響？A.地下水污染、B.對人體產生中毒等不良作用、C.對生物
產生重金屬累積及濃縮作用、D.造成優養化

(1)ABC　(2)ABCD　(3)ACD　(4)BCD。

( ) 57. 那一種家庭廢棄物可用來作為製造肥皂的主要原料？ (3)

(1)食醋　(2)果皮　(3)回鍋油　(4)熟廚餘。

( ) 58. 世紀之毒「戴奧辛」主要透過何者方式進入人體？ (3)

(1)透過觸摸　(2)透過呼吸　(3)透過飲食　(4)透過雨水。

( ) 59. 臺灣地狹人稠，垃圾處理一直是不易解決的問題，下列何種是較佳的因應 (1)
對策？

(1)垃圾分類資源回收　　　　　　(2)蓋焚化廠

(3)運至國外處理　　　　　　　　(4)向海爭地掩埋。

( ) 60. 購買下列哪一種商品對環境比較友善？ (3)

(1)用過即丟的商品　　　　　　　(2)一次性的產品

(3)材質可以回收的商品　　　　　(4)過度包裝的商品。

( ) 61. 下列何項法規的立法目的為預防及減輕開發行為對環境造成不良影響，藉 (2)
以達成環境保護之目的？

(1)公害糾紛處理法　　　　　　　(2)環境影響評估法

(3)環境基本法　　　　　　　　　(4)環境教育法。

( ) 62. 下列何種開發行為若對環境有不良影響之虞者，應實施環境影響評估：A. (4)
開發科學園區；B.新建捷運工程；C.採礦。

(1)AB　(2)BC　(3)AC　(4)ABC。

( ) 63. 主管機關審查環境影響說明書或評估書，如認為已足以判斷未對環境有重 (1)
大影響之虞，作成之審查結論可能為下列何者？

(1)通過環境影響評估審查

(2)應繼續進行第二階段環境影響評估

(3)認定不應開發

(4)補充修正資料再審。

(　) 64. 依環境影響評估法規定，對環境有重大影響之虞的開發行為應繼續進行第 (4)
二階段環境影響評估，下列何者不是上述對環境有重大影響之虞或應進行
第二階段環境影響評估的決定方式？

(1)明訂開發行為及規模　　　　　(2)環評委員會審查認定
(3)自願進行　　　　　　　　　　(4)有民眾或團體抗爭。

(　) 65. 依環境教育法，環境教育之戶外學習應選擇何地點辦理？ (2)

(1)遊樂園　　　　　　　　　　　(2)環境教育設施或場所
(3)森林遊樂區　　　　　　　　　(4)海洋世界

(　) 66. 依環境影響評估法規定，環境影響評估審查委員會審查環境影響說明書， (2)
認定下列對環境有重大影響之虞者，應繼續進行第二階段環境影響評估，
下列何者非屬對環境有重大影響之虞者？

(1)對保育類動植物之棲息生存有顯著不利之影響
(2)對國家經濟有顯著不利之影響
(3)對國民健康有顯著不利之影響
(4)對其他國家之環境有顯著不利之影響。

(　) 67. 依環境影響評估法規定，第二階段環境影響評估，目的事業主管機關應舉 (4)
行下列何種會議？

(1)說明會　(2)聽證會　(3)辯論會　(4)公聽會

(　) 68. 開發單位申請變更環境影響說明書、評估書內容或審查結論，符合下列哪 (3)
一情形，得檢附變更內容對照表辦理？

(1)既有設備提昇產能而污染總量增加在百分之十以下
(2)降低環境保護設施處理等級或效率
(3)環境監測計畫變更
(4)開發行為規模增加未超過百分之五。

(　) 69. 開發單位變更原申請內容有下列哪一情形，無須就申請變更部分，重新辦 (1)
理環境影響評估？

(1)不降低環保設施之處理等級或效率
(2)規模擴增百分之十以上
(3)對環境品質之維護有不利影響
(4)土地使用之變更涉及原規劃之保護區。

（　）70.　工廠或交通工具排放空氣污染物之檢查，下列何者錯誤？　(2)
　　　　　(1)依中央主管機關規定之方法使用儀器進行檢查
　　　　　(2)檢查人員以嗅覺進行氨氣濃度之判定
　　　　　(3)檢查人員以嗅覺進行異味濃度之判定
　　　　　(4)檢查人員以肉眼進行粒狀污染物排放濃度之判定。

（　）71.　下列對於空氣污染物排放標準之敘述，何者正確：A.排放標準由中央主管　(1)
　　　　　機關訂定；B.所有行業之排放標準皆相同？
　　　　　(1)僅 A　(2)僅 B　(3)AB 皆正確　(4)AB 皆錯誤。

（　）72.　下列對於細懸浮微粒($PM_{2.5}$)之敘述何者正確：A.空氣品質測站中自動監測　(2)
　　　　　儀所測得之數值若高於空氣品質標準，即判定為不符合空氣品質標準；B.
　　　　　濃度監測之標準方法為中央主管機關公告之手動檢測方法；C.空氣品質標
　　　　　準之年平均值為 $15\mu g/m^3$？
　　　　　(1)僅 AB　(2)僅 BC　(3)僅 AC　(4)ABC 皆正確。

（　）73.　機車為空氣污染物之主要排放來源之一，下列何者可降低空氣污染物之排　(2)
　　　　　放量：A.將四行程機車全面汰換成二行程機車；B.推廣電動機車；C.降低
　　　　　汽油中之硫含量？
　　　　　(1)僅 AB　(2)僅 BC　(3)僅 AC　(4)ABC 皆正確。

（　）74.　公眾聚集量大且滯留時間長之場所，經公告應設置自動監測設施，其應量　(1)
　　　　　測之室內空氣污染物項目為何？
　　　　　(1)二氧化碳　(2)一氧化碳　(3)臭氧　(4)甲醛。

（　）75.　空氣污染源依排放特性分為固定污染源及移動污染源，下列何者屬於移動　(3)
　　　　　污染源？
　　　　　(1)焚化廠　(2)石化廠　(3)機車　(4)煉鋼廠。

（　）76.　我國汽機車移動污染源空氣污染防制費的徵收機制為何？　(3)
　　　　　(1)依牌照徵收　(2)隨水費徵收　(3)隨油品銷售徵收　(4)購車時徵收

（　）77.　細懸浮微粒($PM_{2.5}$)除了來自於污染源直接排放外，亦可能經由下列哪一種　(4)
　　　　　反應產生？
　　　　　(1)光合作用　(2)酸鹼中和　(3)厭氧作用　(4)光化學反應。

( ) 78. 我國固定污染源空氣污染防制費以何種方式徵收？ (4)

(1)依營業額徵收

(2)隨使用原料徵收

(3)按工廠面積徵收

(4)依排放污染物之種類及數量徵收。

( ) 79. 在不妨害水體正常用途情況下，水體所能涵容污染物之量稱為 (1)

(1)涵容能力 (2)放流能力 (3)運轉能力 (4)消化能力。

( ) 80. 水污染防治法中所稱地面水體不包括下列何者？ (4)

(1)河川 (2)海洋 (3)灌溉渠道 (4)地下水。

( ) 81. 下列何者不是主管機關設置水質監測站採樣的項目？ (4)

(1)水溫 (2)氫離子濃度指數 (3)溶氧量 (4)顏色。

( ) 82. 事業、污水下水道系統及建築物污水處理設施之廢（污）水處理，其產生 (1)
之污泥，依規定應作何處理？

(1)應妥善處理，不得任意放置或棄置

(2)可作為農業肥料

(3)可作為建築土方

(4)得交由清潔隊處理。

( ) 83. 依水污染防治法，事業排放廢(污)水於地面水體者，應符合下列哪一標準 (2)
之規定？

(1)下水水質標準 (2)放流水標準

(3)水體分類水質標準 (4)土壤處理標準。

( ) 84. 放流水標準，依水污染防治法應由何機關定之：A.中央主管機關；B.中央 (3)
主管機關會同相關目的事業主管機關；C.中央主管機關會商相關目的事業
主管機關？ (1)僅 A (2)僅 B (3)僅 C (4)ABC。

( ) 85. 對於噪音之量測，下列何者錯誤？ (1)

(1)可於下雨時測量

(2)風速大於每秒 5 公尺時不可量測

(3)聲音感應器應置於離地面或樓板延伸線 1.2 至 1.5 公尺之間

(4)測量低頻噪音時，僅限於室內地點測量，非於戶外量測

（　）86. 下列對於噪音管制法之規定何者敘述錯誤？　(4)
　　　　(1)噪音指超過管制標準之聲音
　　　　(2)環保局得視噪音狀況劃定公告噪音管制區
　　　　(3)人民得向主管機關檢舉使用中機動車輛噪音妨害安寧情形
　　　　(4)使用經校正合格之噪音計皆可執行噪音管制法規定之檢驗測定。

（　）87. 製造非持續性但卻妨害安寧之聲音者，由下列何單位依法進行處理？　(1)
　　　　(1)警察局　(2)環保局　(3)社會局　(4)消防局

（　）88. 廢棄物、剩餘土石方清除機具應隨車持有證明文件且應載明廢棄物、剩餘　(1)
　　　　土石方之：A 產生源；B 處理地點；C 清除公司
　　　　(1)僅 AB　(2)僅 BC　(3)僅 AC　(4)ABC 皆是。

（　）89. 從事廢棄物清除、處理業務者，應向直轄市、縣（市）主管機關或中央主　(1)
　　　　管機關委託之機關取得何種文件後，始得受託清除、處理廢棄物業務？
　　　　(1)公民營廢棄物清除處理機構許可文件
　　　　(2)運輸車輛駕駛證明
　　　　(3)運輸車輛購買證明
　　　　(4)公司財務證明。

（　）90. 在何種情形下，禁止輸入事業廢棄物：A.對國內廢棄物處理有妨礙；B.可　(4)
　　　　直接固化處理、掩埋、焚化或海拋；C.於國內無法妥善清理？
　　　　(1)僅 A　(2)僅 B　(3)僅 C　(4)ABC。

（　）91. 毒性化學物質因洩漏、化學反應或其他突發事故而污染運作場所周界外之　(4)
　　　　環境，運作人應立即採取緊急防治措施，並至遲於多久時間內，報知直轄
　　　　市、縣（市）主管機關？
　　　　(1)1 小時　(2)2 小時　(3)4 小時　(4)30 分鐘。

（　）92. 下列何種物質或物品，受毒性及關注化學物質管理法之管制？　(4)
　　　　(1)製造醫藥之靈丹　　　　　　　　(2)製造農藥之蓋普丹
　　　　(3)含汞之日光燈　　　　　　　　　(4)使用青石綿製造石綿瓦

（　）93. 下列何行為不是土壤及地下水污染整治法所指污染行為人之作為？　(4)
　　　　(1)洩漏或棄置污染物　(2)非法排放或灌注污染物　(3)仲介或容許洩漏、
　　　　棄置、非法排放或灌注污染物　(4)依法令規定清理污染物

(　　) 94. 依土壤及地下水污染整治法規定，進行土壤、底泥及地下水污染調查、整 (1)
治及提供、檢具土壤及地下水污染檢測資料時，其土壤、底泥及地下水污
染物檢驗測定，應委託何單位辦理？
(1)經中央主管機關許可之檢測機構　　(2)大專院校
(3)政府機關　　(4)自行檢驗。

(　　) 95. 爲解決環境保護與經濟發展的衝突與矛盾，1992 年聯合國環境發展大會 (3)
（UN Conferenceon Environmentand Development, UNCED）制定通過：
(1)日內瓦公約　(2)蒙特婁公約　(3)21 世紀議程　(4)京都議定書。

(　　) 96. 一般而言，下列那一個防治策略是屬經濟誘因策略？ (1)
(1)可轉換排放許可交易　　(2)許可證制度
(3)放流水標準　　(4)環境品質標準

(　　) 97. 對溫室氣體管制之「無悔政策」係指： (1)
(1)減輕溫室氣體效應之同時，仍可獲致社會效益
(2)全世界各國同時進行溫室氣體減量
(3)各類溫室氣體均有相同之減量邊際成本
(4)持續研究溫室氣體對全球氣候變遷之科學證據。

(　　) 98. 一般家庭垃圾在進行衛生掩埋後，會經由細菌的分解而產生甲烷氣，請問 (3)
甲烷氣對大氣危機中哪一些效應具有影響力？
(1)臭氧層破壞　(2)酸雨　(3)溫室效應　(4)煙霧（smog）效應。

(　　) 99. 下列國際環保公約，何者限制各國進行野生動植物交易，以保護瀕臨絕種 (1)
的野生動植物？
(1)華盛頓公約　　(2)巴塞爾公約
(3)蒙特婁議定書　　(4)氣候變化綱要公約。

(　　) 100. 因人類活動導致「哪些營養物」過量排入海洋，造成沿海赤潮頻繁發生， (2)
破壞了紅樹林、珊瑚礁、海草，亦使魚蝦銳減，漁業損失慘重？
(1)碳及磷　(2)氮及磷　(3)氮及氯　(4)氯及鎂。

工作項目④　節能減碳

單選題

( ) 1. 依經濟部能源署「指定能源用戶應遵行之節約能源規定」，在正常使用條件下，公眾出入之場所其室內冷氣溫度平均值不得低於攝氏幾度？
(1)26　(2)25　(3)24　(4)22。　(1)

( ) 2. 下列何者為節能標章？　(2)

(1) 台灣製　　(2)　　(3) CO₂ Carbon Footprint Taiwan EPA　　(4)　。

( ) 3. 下列產業中耗能佔比最大的產業為　(4)
(1)服務業　(2)公用事業　(3)農林漁牧業　(4)能源密集產業。

( ) 4. 下列何者「不是」節省能源的做法？　(1)
(1)電冰箱溫度長時間設定在強冷或急冷
(2)影印機當 15 分鐘無人使用時，自動進入省電模式
(3)電視機勿背著窗戶，並避免太陽直射
(4)短程不開汽車，以儘量搭乘公車、騎單車或步行為宜。

( ) 5. 經濟部能源署的能源效率標示中，電冰箱分為幾個等級？　(3)
(1)1　(2)3　(3)5　(4)7。

( ) 6. 溫室氣體排放量：指自排放源排出之各種溫室氣體量乘以各該物質溫暖化潛勢所得之合計量，以　(2)
(1)氧化亞氮(N_2O)　　　　　　　(2)二氧化碳(CO_2)
(3)甲烷(CH_4)　　　　　　　　　(4)六氟化硫(SF_6)當量表示。

( ) 7. 根據氣候變遷因應法，國家溫室氣體長期減量目標於中華民國幾年達成溫室氣體淨零排放？　(3)
(1)119　(2)129　(3)139　(4)149。

( ) 8. 氣候變遷因應法所稱主管機關，在中央為下列何單位？　(2)
(1)經濟部能源署　(2)環境部　(3)國家發展委員會　(4)衛生福利部。

( ) 9. 氣候變遷因應法中所稱：一單位之排放額度相當於允許排放多少的二氧化碳當量 (3)

(1)1 公斤　(2)1 立方米　(3)1 公噸　(4)1 公升。

( ) 10. 下列何者「不是」全球暖化帶來的影響？ (3)

(1)洪水　(2)熱浪　(3)地震　(4)旱災。

( ) 11. 下列何種方法無法減少二氧化碳？ (1)

(1)想吃多少儘量點，剩下可當廚餘回收

(2)選購當地、當季食材，減少運輸碳足跡

(3)多吃蔬菜，少吃肉

(4)自備杯筷，減少免洗用具垃圾量。

( ) 12. 下列何者不會減少溫室氣體的排放？ (3)

(1)減少使用煤、石油等化石燃料　　(2)大量植樹造林，禁止亂砍亂伐

(3)增高燃煤氣體排放的煙囪　　(4)開發太陽能、水能等新能源。

( ) 13. 關於綠色採購的敘述，下列何者錯誤？ (4)

(1)採購由回收材料所製造之物品

(2)採購的產品對環境及人類健康有最小的傷害性

(3)選購對環境傷害較少、污染程度較低的產品

(4)以精美包裝為主要首選。

( ) 14. 一旦大氣中的二氧化碳含量增加，會引起那一種後果？ (1)

(1)溫室效應惡化　(2)臭氧層破洞　(3)冰期來臨　(4)海平面下降。

( ) 15. 關於建築中常用的金屬玻璃帷幕牆，下列敘述何者正確？ (3)

(1)玻璃帷幕牆的使用能節省室內空調使用

(2)玻璃帷幕牆適用於臺灣，讓夏天的室內產生溫暖的感覺

(3)在溫度高的國家，建築物使用金屬玻璃帷幕會造成日照輻射熱，產生室內「溫室效應」

(4)臺灣的氣候濕熱，特別適合在大樓以金屬玻璃帷幕作為建材。

( ) 16. 下列何者不是能源之類型？　(1)電力　(2)壓縮空氣　(3)蒸汽　(4)熱傳。 (4)

( ) 17. 我國已制定能源管理系統標準為 (1)

(1)CNS 50001　(2)CNS 12681　(3)CNS 14001　(4)CNS 22000。

(　) 18. 台灣電力股份有限公司所謂的三段式時間電價於夏月平日(非週六日)之尖　(4)
峰用電時段為何？
(1)9：00~16：00　　　　　　　　(2)9：00~24：00
(3)6：00~11：00　　　　　　　　(4)16：00~22：00。

(　) 19. 基於節能減碳的目標，下列何種光源發光效率最低，不鼓勵使用？　(1)
(1)白熾燈泡　(2)LED 燈泡　(3)省電燈泡　(4)螢光燈管。

(　) 20. 下列的能源效率分級標示，哪一項較省電？　(1)
(1)1　(2)2　(3)3　(4)4。

(　) 21. 下列何者「不是」目前台灣主要的發電方式？　(4)
(1)燃煤　(2)燃氣　(3)水力　(4)地熱。

(　) 22. 有關延長線及電線的使用，下列敘述何者錯誤？　(2)
(1)拔下延長線插頭時，應手握插頭取下
(2)使用中之延長線如有異味產生，屬正常現象不須理會
(3)應避開火源，以免外覆塑膠熔解，致使用時造成短路
(4)使用老舊之延長線，容易造成短路、漏電或觸電等危險情形，應立即更
換。

(　) 23. 有關觸電的處理方式，下列敘述何者錯誤？　(1)
(1)立即將觸電者拉離現場　　　　(2)把電源開關關閉
(3)通知救護人員　　　　　　　　(4)使用絕緣的裝備來移除電源。

(　) 24. 目前電費單中，係以「度」為收費依據，請問下列何者為其單位？　(2)
(1)kW　(2)kWh　(3)kJ　(4)kJh。

(　) 25. 依據台灣電力公司三段式時間電價(尖峰、半尖峰及離峰時段)的規定，請　(4)
問哪個時段電價最便宜？
(1)尖峰時段　　　　　　　　　　(2)夏月半尖峰時段
(3)非夏月半尖峰時段　　　　　　(4)離峰時段。

(　) 26. 當用電設備遭遇電源不足或輸配電設備受限制時，導致用戶暫停或減少用　(2)
電的情形，常以下列何者名稱出現？
(1)停電　(2)限電　(3)斷電　(4)配電。

( ) 27. 照明控制可以達到節能與省電費的好處，下列何種方法最適合一般住宅社 (2)
區兼顧節能、經濟性與實際照明需求？
(1)加裝 DALI 全自動控制系統
(2)走廊與地下停車場選用紅外線感應控制電燈
(3)全面調低照明需求
(4)晚上關閉所有公共區域的照明。

( ) 28. 上班性質的商辦大樓為了降低尖峰時段用電，下列何者是錯的？ (2)
(1)使用儲冰式空調系統減少白天空調用電需求
(2)白天有陽光照明，所以白天可以將照明設備全關掉
(3)汰換老舊電梯馬達並使用變頻控制
(4)電梯設定隔層停止控制，減少頻繁啟動。

( ) 29. 為了節能與降低電費的需求，應該如何正確選用家電產品？ (2)
(1)選用高功率的產品效率較高
(2)優先選用取得節能標章的產品
(3)設備沒有壞，還是堪用，繼續用，不會增加支出
(4)選用能效分級數字較高的產品，效率較高，5 級的比 1 級的電器產品更
省電。

( ) 30. 有效而正確的節能從選購產品開始，就一般而言，下列的因素中，何者是 (3)
選購電氣設備的最優先考量項目？
(1)用電量消耗電功率是多少瓦攸關電費支出，用電量小的優先
(2)採購價格比較，便宜優先
(3)安全第一，一定要通過安規檢驗合格
(4)名人或演藝明星推薦，應該口碑較好。

( ) 31. 高效率燈具如果要降低眩光的不舒服，下列何者與降低刺眼眩光影響無 (3)
關？
(1)光源下方加裝擴散板或擴散膜
(2)燈具的遮光板
(3)光源的色溫
(4)採用間接照明。

(　) 32. 用電熱爐煮火鍋，採用中溫 50%加熱，比用高溫 100%加熱，將同一鍋水　(4)
煮開，下列何者是對的？
(1)中溫 50%加熱比較省電　　　　　　(2)高溫 100%加熱比較省電
(3)中溫 50%加熱，電流反而比較大　　(4)兩種方式用電量是一樣的。

(　) 33. 電力公司爲降低尖峰負載時段超載的停電風險，將尖峰時段電價費率(每度　(2)
電單價)提高，離峰時段的費率降低，引導用戶轉移部分負載至離峰時段，
這種電能管理策略稱爲
(1)需量競價　(2)時間電價　(3)可停電力　(4)表燈用戶彈性電價。

(　) 34. 集合式住宅的地下停車場需要維持通風良好的空氣品質，又要兼顧節能效　(2)
益，下列的排風扇控制方式何者是不恰當的？
(1)淘汰老舊排風扇，改裝取得節能標章、適當容量的高效率風扇
(2)兩天一次運轉通風扇就好了
(3)結合一氧化碳偵測器，自動啓動/停止控制
(4)設定每天早晚二次定期啓動排風扇。

(　) 35. 大樓電梯爲了節能及生活便利需求，可設定部分控制功能，下列何者是錯　(2)
誤或不正確的做法？
(1)加感應開關，無人時自動關閉電燈與通風扇
(2)縮短每次開門/關門的時間
(3)電梯設定隔樓層停靠，減少頻繁啓動
(4)電梯馬達加裝變頻控制。

(　) 36. 爲了節能及兼顧冰箱的保溫效果，下列何者是錯誤或不正確的做法？　(4)
(1)冰箱內上下層間不要塞滿，以利冷藏對流
(2)食物存放位置紀錄清楚，一次拿齊食物，減少開門次數
(3)冰箱門的密封壓條如果鬆弛，無法緊密關門，應儘速更新修復
(4)冰箱內食物擺滿塞滿，效益最高。

(　) 37. 電鍋剩飯持續保溫至隔天再食用，或剩飯先放冰箱冷藏，隔天用微波爐加　(2)
熱，就加熱及節能觀點來評比，下列何者是對的？
(1)持續保溫較省電
(2)微波爐再加熱比較省電又方便
(3)兩者一樣
(4)優先選電鍋保溫方式，因爲馬上就可以吃。

(　) 38. 不斷電系統 UPS 與緊急發電機的裝置都是應付臨時性供電狀況；停電時，(2)
下列的陳述何者是對的？
(1)緊急發電機會先啓動，不斷電系統 UPS 是後備的
(2)不斷電系統 UPS 先啓動，緊急發電機是後備的
(3)兩者同時啓動
(4)不斷電系統 UPS 可以撐比較久。

(　) 39. 下列何者爲非再生能源？(2)
(1)地熱能　(2)焦煤　(3)太陽能　(4)水力能。

(　) 40. 欲兼顧採光及降低經由玻璃部分侵入之熱負載，下列的改善方法何者錯(1)
誤？
(1)加裝深色窗簾　　　　　　　　(2)裝設百葉窗
(3)換裝雙層玻璃　　　　　　　　(4)貼隔熱反射膠片。

(　) 41. 一般桶裝瓦斯(液化石油氣)主要成分爲丁烷與下列何種成分所組成？(3)
(1)甲烷　(2)乙烷　(3)丙烷　(4)辛烷。

(　) 42. 在正常操作，且提供相同暖氣之情形下，下列何種暖氣設備之能源效率最(1)
高？
(1)冷暖氣機　(2)電熱風扇　(3)電熱輻射機　(4)電暖爐。

(　) 43. 下列何種熱水器所需能源費用最少？(4)
(1)電熱水器　(2)天然瓦斯熱水器　(3)柴油鍋爐熱水器　(4)熱泵熱水器。

(　) 44. 某公司希望能進行節能減碳，爲地球盡點心力，以下何種作爲並不恰當？(4)
(1)將採購規定列入以下文字：「汰換設備時首先考慮能源效率 1 級或具有
節能標章之產品」
(2)盤查所有能源使用設備
(3)實行能源管理
(4)爲考慮經營成本，汰換設備時採買最便宜的機種。

(　) 45. 冷氣外洩會造成能源之浪費，下列的入門設施與管理何者最耗能？(2)
(1)全開式有氣簾　　　　　　　　(2)全開式無氣簾
(3)自動門有氣簾　　　　　　　　(4)自動門無氣簾。

(　) 46. 下列何者「不是」潔淨能源？　(4)
(1)風能　(2)地熱　(3)太陽能　(4)頁岩氣。

(　) 47. 有關再生能源中的風力、太陽能的使用特性中，下列敘述中何者錯誤？　(2)
(1)間歇性能源，供應不穩定　　　　　(2)不易受天氣影響
(3)需較大的土地面積　　　　　　　　(4)設置成本較高。

(　) 48. 有關台灣能源發展所面臨的挑戰，下列選項何者是錯誤的？　(3)
(1)進口能源依存度高，能源安全易受國際影響
(2)化石能源所占比例高，溫室氣體減量壓力大
(3)自產能源充足，不需仰賴進口
(4)能源密集度較先進國家仍有改善空間。

(　) 49. 若發生瓦斯外洩之情形，下列處理方法中錯誤的是？　(3)
(1)應先關閉瓦斯爐或熱水器等開關
(2)緩慢地打開門窗，讓瓦斯自然飄散
(3)開啓電風扇，加強空氣流動
(4)在漏氣止住前，應保持警戒，嚴禁煙火。

(　) 50. 全球暖化潛勢(Global Warming Potential, GWP) 是衡量溫室氣體對全球暖　(1)
化的影響，其中是以何者爲比較基準？
(1)CO_2　(2)CH_4　(3)SF_6　(4)N_2O。

(　) 51. 有關建築之外殼節能設計，下列敘述中錯誤的是？　(4)
(1)開窗區域設置遮陽設備
(2)大開窗面避免設置於東西日曬方位
(3)做好屋頂隔熱設施
(4)宜採用全面玻璃造型設計，以利自然採光。

(　) 52. 下列何者燈泡的發光效率最高？　(1)
(1)LED 燈泡　(2)省電燈泡　(3)白熾燈泡　(4)鹵素燈泡。

(　) 53. 有關吹風機使用注意事項，下列敘述中錯誤的是？　(4)
(1)請勿在潮濕的地方使用，以免觸電危險
(2)應保持吹風機進、出風口之空氣流通，以免造成過熱
(3)應避免長時間使用，使用時應保持適當的距離
(4)可用來作爲烘乾棉被及床單等用途。

(　) 54. 下列何者是造成聖嬰現象發生的主要原因？ (2)

(1)臭氧層破洞　(2)溫室效應　(3)霧霾　(4)颱風。

(　) 55. 爲了避免漏電而危害生命安全，下列「不正確」的做法是？ (4)

(1)做好用電設備金屬外殼的接地

(2)有濕氣的用電場合，線路加裝漏電斷路器

(3)加強定期的漏電檢查及維護

(4)使用保險絲來防止漏電的危險性。

(　) 56. 用電設備的線路保護用電力熔絲(保險絲)經常燒斷，造成停電的不便，下 (1)
列「不正確」的作法是？

(1)換大一級或大兩級規格的保險絲或斷路器就不會燒斷了

(2)減少線路連接的電氣設備，降低用電量

(3)重新設計線路，改較粗的導線或用兩迴路並聯

(4)提高用電設備的功率因數。

(　) 57. 政府爲推廣節能設備而補助民眾汰換老舊設備，下列何者的節電效益最 (2)
佳？

(1)將桌上檯燈光源由螢光燈換爲 LED 燈

(2)優先淘汰 10 年以上的老舊冷氣機爲能源效率標示分級中之一級冷氣機

(3)汰換電風扇，改裝設能源效率標示分級爲一級的冷氣機

(4)因爲經費有限，選擇便宜的產品比較重要。

(　) 58. 依據我國現行國家標準規定，冷氣機的冷氣能力標示應以何種單位表示？ (1)

(1)kW　(2)BTU/h　(3)kcal/h　(4)RT。

(　) 59. 漏電影響節電成效，並且影響用電安全，簡易的查修方法爲 (1)

(1)電氣材料行買支驗電起子，碰觸電氣設備的外殼，就可查出漏電與否

(2)用手碰觸就可以知道有無漏電

(3)用三用電表檢查

(4)看電費單有無紀錄。

(　) 60. 使用了 10 幾年的通風換氣扇老舊又骯髒，噪音又大，維修時採取下列哪 (2)
一種對策最為正確及節能？
(1)定期拆下來清洗油垢
(2)不必再猶豫，10 年以上的電扇效率偏低，直接換為高效率通風扇
(3)直接噴沙拉脫清潔劑就可以了，省錢又方便
(4)高效率通風扇較貴，換同機型的廠內備用品就好了。

(　) 61. 電氣設備維修時，在關掉電源後，最好停留 1 至 5 分鐘才開始檢修，其主 (3)
要的理由為下列何者？
(1)先平靜心情，做好準備才動手
(2)讓機器設備降溫下來再查修
(3)讓裡面的電容器有時間放電完畢，才安全
(4)法規沒有規定，這完全沒有必要。

(　) 62. 電氣設備裝設於有潮濕水氣的環境時，最應該優先檢查及確認的措施是？ (1)
(1)有無在線路上裝設漏電斷路器　　　　(2)電氣設備上有無安全保險絲
(3)有無過載及過熱保護設備　　　　　　(4)有無可能傾倒及生鏽。

(　) 63. 為保持中央空調主機效率，最好每隔多久時間應請維護廠商或保養人員檢 (1)
視中央空調主機？
(1)半年　(2)1 年　(3)1.5 年　(4)2 年。

(　) 64. 家庭用電最大宗來自於　(1)空調及照明　(2)電腦　(3)電視　(4)吹風機。 (1)

(　) 65. 冷氣房內為減少日照高溫及降低空調負載，下列何種處理方式是錯誤的？ (2)
(1)窗戶裝設窗簾或貼隔熱紙
(2)將窗戶或門開啟，讓屋內外空氣自然對流
(3)屋頂加裝隔熱材、高反射率塗料或噴水
(4)於屋頂進行薄層綠化。

(　) 66. 有關電冰箱放置位置的處理方式，下列何者是正確的？ (2)
(1)背後緊貼牆壁節省空間
(2)背後距離牆壁應有 10 公分以上空間，以利散熱
(3)室內空間有限，側面緊貼牆壁就可以了
(4)冰箱最好貼近流理台，以便存取食材。

( ) 67. 下列何項「不是」照明節能改善需優先考量之因素？ (2)
(1)照明方式是否適當 (2)燈具之外型是否美觀
(3)照明之品質是否適當 (4)照度是否適當。

( ) 68. 醫院、飯店或宿舍之熱水系統耗能大，要設置熱水系統時，應優先選用何 (2)
種熱水系統較節能？
(1)電能熱水系統 (2)熱泵熱水系統
(3)瓦斯熱水系統 (4)重油熱水系統。

( ) 69. 如下圖，你知道這是什麼標章嗎？ (4)
(1)省水標章
(2)環保標章
(3)奈米標章
(4)能源效率標示。

( ) 70. 台灣電力公司電價表所指的夏月用電月份(電價比其他月份高)是為 (3)
(1)4/1~7/31 (2)5/1~8/31 (3)6/1~9/30 (4)7/1~10/31。

( ) 71. 屋頂隔熱可有效降低空調用電，下列何項措施較不適當？ (1)
(1)屋頂儲水隔熱 (2)屋頂綠化
(3)於適當位置設置太陽能板發電同時加以隔熱 (4)鋪設隔熱磚。

( ) 72. 電腦機房使用時間長、耗電量大，下列何項措施對電腦機房之用電管理較 (1)
不適當？
(1)機房設定較低之溫度 (2)設置冷熱通道
(3)使用較高效率之空調設備 (4)使用新型高效能電腦設備。

( ) 73. 下列有關省水標章的敘述中正確的是？ (3)
(1)省水標章是環境部為推動使用節水器材，特別研定以作為消費者辨識省
水產品的一種標誌
(2)獲得省水標章的產品並無嚴格測試，所以對消費者並無一定的保障
(3)省水標章能激勵廠商重視省水產品的研發與製造，進而達到推廣節水良
性循環之目的
(4)省水標章除有用水設備外，亦可使用於冷氣或冰箱上。

(   ) 74. 透過淋浴習慣的改變就可以節約用水，以下選項何種正確？   (2)
(1)淋浴時抹肥皂，無需將蓮蓬頭暫時關上
(2)等待熱水前流出的冷水可以用水桶接起來再利用
(3)淋浴流下的水不可以刷洗浴室地板
(4)淋浴沖澡流下的水，可以儲蓄洗菜使用。

(   ) 75. 家人洗澡時，一個接一個連續洗，也是一種有效的省水方式嗎？   (1)
(1)是，因為可以節省等待熱水流出之前所先流失的冷水
(2)否，這跟省水沒什麼關係，不用這麼麻煩
(3)否，因為等熱水時流出的水量不多
(4)有可能省水也可能不省水，無法定論。

(   ) 76. 下列何種方式有助於節省洗衣機的用水量？   (2)
(1)洗衣機洗滌的衣物盡量裝滿，一次洗完
(2)購買洗衣機時選購有省水標章的洗衣機，可有效節約用水
(3)無需將衣物適當分類
(4)洗濯衣物時盡量選擇高水位才洗的乾淨。

(   ) 77. 如果水龍頭流量過大，下列何種處理方式是錯誤的？   (3)
(1)加裝節水墊片或起波器
(2)加裝可自動關閉水龍頭的自動感應器
(3)直接換裝沒有省水標章的水龍頭
(4)直接調整水龍頭到適當水量。

(   ) 78. 洗菜水、洗碗水、洗衣水、洗澡水等的清洗水，不可直接利用來做什麼用   (4)
途？
(1)洗地板   (2)沖馬桶   (3)澆花   (4)飲用水。

(   ) 79. 如果馬桶有不正常的漏水問題，下列何者處理方式是錯誤的？   (1)
(1)因為馬桶還能正常使用，所以不用著急，等到不能用時再報修即可
(2)立刻檢查馬桶水箱零件有無鬆脫，並確認有無漏水
(3)滴幾滴食用色素到水箱裡，檢查有無有色水流進馬桶，代表可能有漏水
(4)通知水電行或檢修人員來檢修，徹底根絕漏水問題。

(　) 80. 水費的計量單位是「度」，你知道一度水的容量大約有多少？　(3)
(1)2,000 公升　　　　　　　　　(2)3000 個 600cc 的寶特瓶
(3)1 立方公尺的水量　　　　　　(4)3 立方公尺的水量。

(　) 81. 臺灣在一年中什麼時期會比較缺水(即枯水期)？　(3)
(1)6 月至 9 月　(2)9 月至 12 月　(3)11 月至次年 4 月　(4)臺灣全年不缺水。

(　) 82. 下列何種現象「不是」直接造成台灣缺水的原因？　(4)
(1)降雨季節分佈不平均，有時候連續好幾個月不下雨，有時又會下起豪大雨
(2)地形山高坡陡，所以雨一下很快就會流入大海
(3)因為民生與工商業用水需求量都愈來愈大，所以缺水季節很容易無水可用
(4)台灣地區夏天過熱，致蒸發量過大。

(　) 83. 冷凍食品該如何讓它退冰，才是既「節能」又「省水」？　(3)
(1)直接用水沖食物強迫退冰　　　(2)使用微波爐解凍快速又方便
(3)烹煮前盡早拿出來放置退冰　　(4)用熱水浸泡，每 5 分鐘更換一次。

(　) 84. 洗碗、洗菜用何種方式可以達到清洗又省水的效果？　(2)
(1)對著水龍頭直接沖洗，且要盡量將水龍頭開大才能確保洗的乾淨
(2)將適量的水放在盆槽內洗濯，以減少用水
(3)把碗盤、菜等浸在水盆裡，再開水龍頭拼命沖水
(4)用熱水及冷水大量交叉沖洗達到最佳清洗效果。

(　) 85. 解決台灣水荒(缺水)問題的無效對策是　(4)
(1)興建水庫、蓄洪(豐)濟枯　　　(2)全面節約用水
(3)水資源重複利用，海水淡化…等　(4)積極推動全民體育運動。

(　) 86. 如下圖，你知道這是什麼標章嗎？　(3)

(1)奈米標章　(2)環保標章　(3)省水標章　(4)節能標章。

(　) 87. 澆花的時間何時較為適當，水分不易蒸發又對植物最好？　(3)
(1)正中午　　　　　　　　　　　(2)下午時段
(3)清晨或傍晚　　　　　　　　　(4)半夜十二點。

(　　) 88. 下列何種方式沒有辦法降低洗衣機之使用水量，所以不建議採用？　(3)
(1)使用低水位清洗　　　　　　　　(2)選擇快洗行程
(3)兩、三件衣服也丟洗衣機洗　　　(4)選擇有自動調節水量的洗衣機。

(　　) 89. 有關省水馬桶的使用方式與觀念認知，下列何者是錯誤的？　(3)
(1)選用衛浴設備時最好能採用省水標章馬桶
(2)如果家裡的馬桶是傳統舊式，可以加裝二段式沖水配件
(3)省水馬桶因為水量較小，會有沖不乾淨的問題，所以應該多沖幾次
(4)因為馬桶是家裡用水的大宗，所以應該儘量採用省水馬桶來節約用水。

(　　) 90. 下列的洗車方式，何者「無法」節約用水？　(3)
(1)使用有開關的水管可以隨時控制出水
(2)用水桶及海綿抹布擦洗
(3)用大口徑強力水注沖洗
(4)利用機械自動洗車，洗車水處理循環使用。

(　　) 91. 下列何種現象「無法」看出家裡有漏水的問題？　(1)
(1)水龍頭打開使用時，水表的指針持續在轉動
(2)牆面、地面或天花板忽然出現潮濕的現象
(3)馬桶裡的水常在晃動，或是沒辦法止水
(4)水費有大幅度增加。

(　　) 92. 蓮蓬頭出水量過大時，下列對策何者「無法」達到省水？　(2)
(1)換裝有省水標章的低流量(5~10L/min)蓮蓬頭
(2)淋浴時水量開大，無需改變使用方法
(3)洗澡時間盡量縮短，塗抹肥皂時要把蓮蓬頭關起來
(4)調整熱水器水量到適中位置。

(　　) 93. 自來水淨水步驟，何者是錯誤的？　(1)混凝　(2)沉澱　(3)過濾　(4)煮沸。(4)

(　　) 94. 為了取得良好的水資源，通常在河川的哪一段興建水庫？　(1)
(1)上游　(2)中游　(3)下游　(4)下游出口。

(　　) 95. 台灣是屬缺水地區，每人每年實際分配到可利用水量是世界平均值的約多少？　(4)
(1)1/2　(2)1/4　(3)1/5　(4)1/6。

(　) 96. 台灣年降雨量是世界平均值的 2.6 倍，卻仍屬缺水地區，下列何者不是真 (3)
正缺水的原因？
(1)台灣由於山坡陡峻，以及颱風豪雨雨勢急促，大部分的降雨量皆迅速流
入海洋
(2)降雨量在地域、季節分佈極不平均
(3)水庫蓋得太少
(4)台灣自來水水價過於便宜。

(　) 97. 電源插座堆積灰塵可能引起電氣意外火災，維護保養時的正確做法是？ (3)
(1)可以先用刷子刷去積塵
(2)直接用吹風機吹開灰塵就可以了
(3)應先關閉電源總開關箱內控制該插座的分路開關，然後再清理灰塵
(4)可以用金屬接點清潔劑噴在插座中去除銹蝕。

(　) 98. 溫室氣體易造成全球氣候變遷的影響，下列何者不屬於溫室氣體？ (4)
(1)二氧化碳（CO_2）　　　　　　　(2)氫氟碳化物（HFCs）
(3)甲烷（CH_4）　　　　　　　　　(4)氧氣（O_2）。

(　) 99. 就能源管理系統而言，下列何者不是能源效率的表示方式？ (4)
(1)汽車－公里/公升
(2)照明系統－瓦特/平方公尺（W/m^2）
(3)冰水主機－千瓦/冷凍噸（kW/RT）
(4)冰水主機－千瓦（kW）。

(　) 100. 某工廠規劃汰換老舊低效率設備，以下何種做法並不恰當？ (3)
(1)可慮使用較高效率設備產品
(2)先針對老舊設備建立其「能源指標」或「能源基線」
(3)唯恐一直浪費能源，未經評估就馬上將老舊設備汰換掉
(4)改善後需進行能源績效評估。

歡迎加入 全華會員

● **會員獨享**

　會員享購書折扣、紅利積點、生日禮金、不定期優惠活動⋯等。

● **如何加入會員**

　掃 QRcode 或填妥讀者回函卡直接傳真 (02) 2262-0900 或寄回，將由專人協助登入會員資料，待收到 E-MAIL 通知後即可成為會員。

如何購買 全華書籍

1. **網路購書**

　全華網路書店「http://www.opentech.com.tw」，加入會員購書更便利，並享有紅利積點回饋等各式優惠。

2. **實體門市**

　歡迎至全華門市（新北市土城區忠義路 21 號）或各大書局選購。

3. **來電訂購**

　(1) 訂購專線：(02) 2262-5666 轉 321-324
　(2) 傳真專線：(02) 6637-3696
　(3) 郵局劃撥（帳號：0100836-1　戶名：全華圖書股份有限公司）

　※ 購書未滿 990 元者，酌收運費 80 元。

全華網路書店 www.opentech.com.tw
E-mail: service@chwa.com.tw

全華網路書店 www.opentech.com.tw
E-mail: service@chwa.com.tw

※ 本會員制如有變更則以最新修訂制度為準，造成不便請見諒。